Alibaba Group 阿里巴巴集团 | 技术丛书

云存储
释放数据无限价值

阿里云基础产品委员会◎著

电子工业出版社·
Publishing House of Electronics Industry
北京·BEIJING

内容简介

当第一个类人猿用沾满炭灰的石头在洞穴墙壁上刻下自己的形象时，"存储"作为延续文明的工具就诞生了。当古老的"存储"遇到云计算，就成为了由云而生、依云而建的云存储。本书呈现的是阿里云存储团队通过保障数十 EB 数据的稳定和安全在十余年的自研之路得来的技术变革、实战开发经验和教训，以及丰富的行业和场景应用的解决方案。阿里云的存储工程师们会在本书中尽力回答：超大规模的云存储系统如何创建；如何满足高峰值应用的高带宽和低延时需求；如何低成本、低能耗地长期保存和利用数据；如何保证全年 7×24 小时不间断的超高可用性；如何保证用户的数据安全；如何利用数据生命周期；如何根据用户的需求弹性地部署和调度资源；如何实现数据管理和调度的高效及智能化；如何针对不同的行业给出合适的解决方案等问题。

本书是阿里巴巴集团存储技术研发成果的集大成式讲解和全面展示，既适合企业 CTO、CIO、IT 经理进行决策时参考，也适合使用云计算进行应用开发与部署的开发工程师、管理运维工程师、系统架构师作为技术用书，对于想了解和学习云存储的高校学生及相关从业者也有很高的科普价值。

图书在版编目（CIP）数据

云存储：释放数据无限价值 / 阿里云基础产品委员会著. —北京：电子工业出版社，2022.12
（阿里巴巴集团技术丛书）
ISBN 978-7-121-44441-8

Ⅰ.①云… Ⅱ.①阿… Ⅲ.①计算机网络—信息存贮—研究 Ⅳ.① TP393.071

中国版本图书馆 CIP 数据核字（2022）第 197953 号

责任编辑：孙学瑛
印　　刷：北京天宇星印刷厂
装　　订：北京天宇星印刷厂
出版发行：电子工业出版社
　　　　　北京市海淀区万寿路 173 信箱　　邮编 100036
开　　本：720×1000　　1/16　　印张：14.75　　字数：278 千字
版　　次：2022 年 12 月第 1 版
印　　次：2022 年 12 月第 1 次印刷
定　　价：118.00 元

凡所购买电子工业出版社图书有缺损问题，请向购买书店调换。若书店售缺，请与本社发行部联系，联系及邮购电话：（010）88254888，88258888。

质量投诉请发邮件至 zlts@phei.com.cn，盗版侵权举报请发邮件至 dbqq@phei.com.cn。

本书咨询联系方式：（010）51260888-819，faq@phei.com.cn。

推荐序一

我的老同事吴结生让我给这本介绍云存储的书写一篇推荐序。我虽然不是研究存储技术的，但是过去的科研经历与存储技术有些渊源，因而提笔写就此序。

我在 1992 年参加工作时，被分配做的第一个任务就是给曙光 1000 超级计算机（下简称"曙光超算"）写一个并行文件系统。曙光超算是一台拥有大规模并行体系结构的机器，其存储就是利用普通的硬盘实现的。吴结生也曾给早期的曙光超算写过文件系统。后来，网络存储系统发展起来了，我的一个博士生苗艳超在中国科学院计算技术研究所（下简称"计算所"）智能中心写的一个网络存储系统的原型被带到曙光公司后，慢慢发展成了曙光 ParaStor 存储产品线。另外，在我担任计算所所长期间，计算所科研人员还创办了蓝鲸公司等几家存储初创公司。

现代计算机的科学基石是图灵机计算模型与冯·诺依曼体系结构（下简称"冯结构"）。图灵机确定了一个通用计算必须有"纸带"这个存储工具；冯结构表明存储必须利用 RAM，也就是随机存储。从此，存储就一直是以计算的配角的形象被呈现的，专门研发存储的公司的名头往往不如研发计算机系统的大。当下，在存储技术上，除清华大学、华中科技大学、中国科学院等单位外，成体系地开展存储技术科研活动的科研单位太少了。在企业界研发存储系统的公司虽然很多，但是专注于存储介质、存储系统相关芯片研发的企业太少，不利于我国在存储技术领域构建高水平、自立自强的技术体系。

但是，云计算的崛起使得云存储成为可以脱离计算而单独存在的市场。我认为，未来云存储有可能改变存储"最佳配角"的宿命，成为"最佳主角"，这需要大家一起努力！

本书系统地讲解了与存储相关的技术体系和技术细节，以及阿里云存储的关键技术与组件，还对云存储的未来进行了展望。这是阿里云的工程师写给广大工程师看的书，内容很实在，书的写作风格我也很喜欢。

孙凝晖

中国工程院院士

中国科学院计算技术研究所研究员

于北京

推荐序二

数字经济成为新的社会经济形式,有其久远和深刻的哲学与科学基础。约6000年前,中国伏羲氏提出的八卦图是数字表达信息的思想原点,古希腊的毕达哥拉斯提出万物皆数的思想则揭示了数字的强大能力。20世纪前半叶,信息科学完成了其理论奠基工作,香农的信息论揭示了信息的本质,图灵则证明了对数据的序列化操作(计算)可以解决一切有解的数学问题。后来。斯蒂芬·沃尔夫勒姆在其著作《一种新科学》中指出,计算的能力实际更为强大,它在理论上可以表达宇宙的一切规律!这就意味着数据及其表达信息的能力极为强大,强大到几乎能表达世间万物(包括客观世界与主观世界)!因此,信息哲学和科学为数字技术及其应用描绘了一个极为遥远的终点。

随着技术的进步,数据的能量不断被释放出来,正成为新的财富和资源。一切事物都在向数字化转型,这成为一个必然的趋势。人类赖以生存的经济活动必然会被打上数字的烙印。

云服务模式是数字技术应用领域的一个重要里程碑,它的价值在于,它提供了一种统一管理的信息服务基础设施,为数字经济的发展提供了强大的保证。正如自来水管网和电网在成为基础设施后,人们的生活就难以与其分开,云平台成为信息基础设施后,人们对云服务的依赖程度也会越来越高。我们现在往往把云服务称为"云计算",这其实是一种广义的说法。云服务实际上是对数据进行计算、存储、传输的三位一体的巨大规模综合体。云计算真正被应用不过十几年,但这种模式一经出现,就展示出强大的生命力,并在世界范围内得到迅猛的发展。

可喜的是,我国以阿里云为代表的一批企业及时赶上了历史的潮流,在云计算领域成为世界排名靠前的云服务商,不仅为我国数字经济的发展提供了动力,也参与到国际合作中,为人类社会提供信息服务。

构建云平台是一项规模巨大的工程,往往一家大型云服务商统一管理着几十个大型数据中心,每个数据中心包含几万到十几万个相互连接的计算和存储节点。保证云平台满足巨大数量用户各种需求涉及的技术十分复杂。为了发展云技术,我们迫切需要培养一大批从事云存储研究与开发的工程师和管理者。因此,我们非常渴望有介绍云存储技术的好书出现,以支持我国云计算技术的迅猛发展。

作为一名长期从事信息存储技术研究的教育工作者,我在看过这本书后,觉得这就是一本我所期待的书。这本书不仅非常适合高校的本科生和研究生用于学习云存储技术,而且也适合广大工程技术人员、运维和管理人员用来了解和掌握云存储技术的精髓。

数据是最宝贵的资源，而存储是数据的载体。从这个意义上来看，云存储是云平台中对可靠性、稳定性和安全性要求最高的部分。随着进入云中的数据量的增长速度越来越快、数据形式越来越多样，以及对数据价值利用的要求越来越高，云存储面临的挑战也越来越大。

超大规模的云存储系统如何构建？如何满足高峰值应用的高带宽和低延时需求？如何低成本、低能耗地长期保存和利用数据？如何保证全年 7×24 小时不间断的超高可用性？如何保证用户的数据安全？如何利用数据生命周期？如何根据用户的需求弹性地部署和调度资源？如何实现数据管理和调度的高效及智能化？如何针对不同的行业给出最合适的解决方案？……这些都是云存储系统要解决的问题。

我欣喜地发现，在本书中这些问题的答案都能找到。本书的作者是阿里云存储研发和运维管理的核心人员，对云存储技术有着非常丰富的实战经验，并通过技术研发、系统构建、实际使用和运维形成了对云存储技术的深刻理解。正是作者们独特的身份，使得本书有别于其他介绍存储原理的书籍。这本书植根于阿里云存储深厚的技术土壤，介绍了阿里云存储实际的技术与架构，思路清晰、内容丰满，还有不少令人感兴趣的技术细节，给读者以"干货满满"的感觉。

更难能可贵的是，本书并不是一本仅讲述阿里云存储技术细节的书，它还对云存储技术的发展有着总体把握和深刻思考。其中对数字经济底层范式和云存储技术脉络的梳理，对数据"引力效应"的描述，对数据价值的分析，以及对云存储技术未来走向的分析等内容，都会给读者带来启发和思考。本书在具体介绍阿里云存储的技术和架构之前，介绍了一些基础性的技术知识，可使读者循序渐进地学习，大大增强了可读性。

云存储是阿里云重要的组成部分，是我国科研人员独立自主开发的技术，有着众多的创新之处，并经过了大规模应用的考验。它不仅提供了世界排名前三的云服务体系，体系还经受了"双 11"这种极端负载的考验，并为北京冬奥会这类重大活动提供了云端信息服务。正如本书前言中所言，本书是对阿里云存储技术研发成果的集大成式讲解和全面展示，相信会给读者带来满满的收获和愉快的体验。

谢长生

中国计算机行业协会信息存储与安全专业委员会会长

华中科技大学武汉光电国家研究中心教授

于武汉

推荐序三

当前，数字化、网络化、智能化已经成为产业高质量发展的重要驱动力，企业上云已成为数字化发展的共识。作为云计算的核心底座，云存储在过去十几年的发展中，带来了远远不止于存储的价值。

云存储为产业发展带来了灵活性、弹性、极致性能、稳定可靠、安全合规、绿色低碳的多重优势。伴随着数字化进程的加速，企业数据量的大幅提升，数据类型庞杂多样，而云存储通过数据湖、智能运维等方式对数据进行结构化的处理与升级，因此没有对存储数据格式类型的限制。系统安全稳定也成为越来越多大型传统企业上云的动力之一。云存储可以通过端到端的安全加密，以及遍布全球的云基础设施，让企业享受高质量的安全的数据服务。云的可靠性同样具有吸引力，比如阿里云的对象存储服务已经达到了"12个9"（99.9999999999%）的数据持久性，可以存储任意规模的数据，也能应对用户的各类场景需求，并经受了"双11"购物节、春运期间的12306购票体系、健康码服务体系这样的超大流量的考验。

阿里云存储多年来已经服务了包括互联网、游戏、媒体、软件服务、工业制造等领域的各类企业，提供了一体化数据存储与处理解决方案，从数据采集、传输和管理全链条上进行优化，一直致力于为企业降低数据存储与处理成本，提升研发效能。

阿里云存储团队撰写的这本书系统地梳理并总结了存储技术的发展与应用方向，回顾了阿里云存储十几年的发展历程与经验。希望此书能帮助读者更好地了解和把握云存储的发展历程和未来趋势，同时感知阿里云存储技术发展背后蕴藏的重大意义。

张建锋

阿里云智能总裁

阿里巴巴达摩院院长

于杭州

近年来，科技和社会发展产生的新数据量，已经超越了人类历史上以往数据量的总和。数据已经成为产业数字化转型的"新能源"，以及个人、企业组织和社会的核心资产。海量数据和场景多元化在带来丰富业务创新的同时，也对数据的存储和管理提出了包括成本、性能、可靠性等多方面的挑战。

存储对每个企业来说都至关重要，特别是区别于传统存储的云存储。在系统设计上，必须不仅要做到数据零丢失、零差错，而且要做到数据的可弹性扩展，这对技术提出了极高的要求。13年前，阿里云意识到，传统存储技术将无法应对这些挑战。于是，阿里云的一名工程师写下了阿里云自研的分布式存储——飞天盘古的第一行代码。阿里云存储系统是阿里云飞天云操作系统的核心技术之一，可通过一套存储架构支持多个复杂场景，如极低延时的数据库场景、高吞吐的大数据分析场景、高并发的高性能计算场景和成本敏感的归档场景。它利用了独创的分布式数据冗余算法，支持跨数据中心、跨地域的多可用区容灾策略，数据可靠性达到"12个9"，可用性高达99.995%。自研的高性能RDMA[1]存储网络、HPCC[2]流控算法和新型软硬融合存储引擎，引领云存储进入微秒延时时代。分布式多级元数据管理，支持数据规模无限扩展。

现在，阿里云存储已经广泛部署于公共云、边缘节点和客户数据中心，植根于各类企业的数字化转型过程中。

我们相信，阿里云存储将不断突破创新，为行业、为产业、为社会提供更有价值的新基础设施底座。

蒋江伟

阿里云高级研究员

于杭州

1　RDMA：Remote Direct Memory Access，远程直接内存访问，目的是解决网络传输中服务器端数据处理的延时。

2　HPCC：High Performance Computing Cluster，高性能计算集群。

序言

在过去 20 多年间，分布式系统和分布式存储蓬勃发展，从支持高性能计算（High Performance Computing，HPC）及超算，到搜索和广告，再到云计算，出现了很多经典的存储系统，典型代表包括 IBM GPFS 和 Lustre 对高性能计算的支持，谷歌的 GFS（Google File System）和微软的 Cosmos 对搜索和广告的支持，HDFS[1] 对大数据分析的支持，以及开源的 Ceph 分布式存储，等等。尤其是在 2003—2006 年，来自谷歌的"三驾马车"——GFS（分布式文件存储）、BigTable（键值存储）和 MapReduce（大数据分析系统），再加上 Chubby（分布式锁服务）的发表，打造了云计算分布式系统的开发蓝本。在此期间，亚马逊 AWS、微软 Azure、阿里云和谷歌 GCP 相继打造了自己的云存储系统和产品。

从 2008 年起，阿里云开始了飞天操作系统的自研之路。存储及与其相关的组件是飞天操作系统的关键，包括分布式存储系统"飞天盘古"、键值存储系统、分布式锁和网络编程框架等。基于这些组件，构建了阿里云丰富的存储产品和大数据分析产品。经过十几年的发展，飞天盘古成为了统一的存储平台，用一套架构高效而灵活地支持低延时的数据库访问，支持高吞吐量的大数据分析，支持高并发的超算和低成本的归档等多种场景。

随着云计算的普及，以及大数据分析、人工智能和机器学习在百行千业的数字化和智能化转型中的落地，云存储迎来了新的挑战和机会。首先，在数据高速增长的趋势下，存储技术需要在介质、编码、压缩等领域进一步探索和创新，不断降低存储的成本；其次，在数据分析和智能决策走向实时化趋势中，低延时、高带宽的存储是关键支撑，存储服务器、网络、介质和存储系统的软硬件一体设计，从体系结构和软硬件分工合作等角度不断进行变革；最后，在大量国计民生服务和企业核心应用上云的过程中，保障存储的稳定性、高性能和易用性是关键。云存储的智能管理技术，通过引入人工智能技术（AIOps 和 AI for System 等），提供运维、管理、调优和修复等自治能力，是存储系统新的发展趋势和机会。

1　HDFS：Hadoop Distributed File System，Hadoop 分布式文件系统。

本书特点

本书是阿里云研发和产品团队结合业界的技术发展趋势，总结了自身十几年的实战开发经验与教训，囊括了丰富的行业和场景应用的解决方案。书中有三个明显的特点。

首先，本书立体地展示了云存储的技术、产品和业务，既详实地阐述了存储关键技术和关键组件，也介绍了多种类型的云存储产品，以及云存储的典型行业和场景应用的解决方案。

其次，本书理论和实践高度结合，勾勒了存储技术的过去、现在和未来。通过大规模客户和丰富场景的锤炼，飞天盘古及关键技术组件的不断演进，展现了产品化过程中大规模分布式存储最关心的一系列问题和相应的解决思路。面向未来，通过过去3年践行阿里云的"向下做深基础"的战略，发展自研芯片、服务器、磁盘控制器、磁盘介质和高性能网络等技术，不断探索新的体系结构和软硬一体设计，为新的存储系统的演进打开了一扇门。

最后，参与本书编写的30多位作者都是阿里云一线的研发工程师、产品经理、架构师，他们实实在在地描述了在真实的生产系统中，存储技术和产品是如何大规模落地的。

作为一名在分布式系统和存储领域从业20多年的老兵，我希望这本书的一些独特内容和视角，可以为您对云计算和云存储的了解提供帮助。同时，期待更多的研发人员加入存储领域，直面新的挑战，抓住新的机遇，实现"稳定安全高性能，普惠智能新存储"这一阿里云存储的远大愿景，共建生态，在业务的数字化和智能化中创造更多价值。

吴结生

阿里巴巴高级研究员

阿里云存储负责人

于杭州

前 言

一本 20 余万字的书，大概需要 200 张 170mm × 240mm 的纸来印刷，装订起来的厚度大约是 12mm。如果将这本书的内容录入计算机，所生成的文件的大小可能是几十 KB 到几十 MB，在一块长 147mm、宽 101.6mm、高 26.1mm 的硬盘上所占用的物理空间仅仅是一个针尖大小的点。从结绳记事到纸张的出现，再到磁带、硬盘乃至"云"的出现，都是存储技术及存储介质不断发展演进的结果。面对这样漫长的一段历史，本书旨在截取其中的一小段来讲述阿里云存储团队在存储技术上的创新与应用。

当我们谈论存储技术的时候，本质上是在谈论数据。在数字经济高速发展的背景下，为了实现阿里云"数字经济的基础设施"的宏大愿景，作为 IT 设施中重要的一环，存储技术必须担负起更大的责任，为企业数字化转型提供核心价值，促进基础设施云化、核心技术互联化、应用数据化和智能化的升级。

数据在哪里，算力就在哪里，依靠先进的存储技术及存储服务打造的云平台是数据中心现代化、IT 运营智能化的基础。在各行各业的数字化进程中，云存储服务的应用范畴也在不断拓展，从电商、游戏、视频等互联网领域向制造、政务、金融、教育等领域延伸，全面助力各个行业的高质量发展。而在云化后，企业不仅可以存储大量的数据，还能在云端实现数字价值的再造与连接，这也驱动了产业数据向云端的汇聚。

阿里巴巴集团从 1999 年成立开始，经过 20 多年的技术演进，已实现了统一存储的目标，因此本书也是阿里巴巴集团存储技术研发成果的集大成式讲解和全面展示。2020 年，阿里云存储团队发布了 3 万多字的云存储行业白皮书，并邀请了多位行业学者和专家予以斧正，白皮书发布后得到了专家和市场的认可。随后，我们希望将白皮书的内容深化，覆盖更多的业务场景，便开始着手编写本书。在 2 年的时间里，我们对 300 多篇、近百万字内外部沉淀的文章进行了整理和甄选，于是有了这本 20 余万字的书。在此，我要感谢阿里云存储团队各位编写成员的全力以赴，同时要感谢阿里巴巴集团内多位存储相关业务及技术团队的同事对本书内容的修订，还要感谢在阿里巴巴集团内部和外部平台发布各类文章的技术及业务专家们，你们的无私分享也极大丰富了这本书的内容。

　　最后，要向阿里云的客户表示感谢，越来越多的企业数字化领导者正在和我们一同构建一个由云定义存储的数据智能服务基础架构。在不断向阿里云的数百万客户学习的过程中，我们得以不断精进技术，打磨产品，最终为越来越多的客户创造更多价值。

Alex Chen

阿里巴巴集团研究员

阿里云智能资深产品总监

于杭州

读者服务

微信扫码回复 44441：

- 加入本书读者交流群，与更多同道中人互动
- 获取《数据湖应用实践白皮书》，以及【百场业界大咖直播合集】(持续更新)，仅需 1 元

目录

第 1 章

数据价值驱动存储创新

当我们在谈论数据的时候，其实谈论的是数据价值。云服务带来的存储发展正在影响企业的业务运营模式、数据存储技术、管理流程。每位参与企业数字化转型的人关注的都是：如何管理数据中心和云端不断增长的结构化、半结构化和非结构化的数据，以及如何为自身业务创造价值并在短时间内完成云端部署。这些都对数据存储提出了更高的技术要求。本章将重点介绍在数字化时代，数据与存储之间的关系，以及存储系统架构的演进。

1.1　数据与存储

正如水之于农业经济时代、电之于工业经济时代一样，在数字经济时代，数据正在成为新的自然资源、战略资源。联合国发布的《2021 年数字经济报告（数据跨境流动和发展：数据为谁而流动）》中指出，数据具有多维度的属性：从经济层面考虑，数据不仅可以为收集者和控制者提供私人价值，还可以为整个经济提供社会价值；从非经济层面考虑，数据与隐私、人权、国家安全等密切相关。

数据的价值产生于数据的聚合和处理。原始数据被收集、分析和处理后可以用于满足商业或社会公共需求。数据正在成为这个星球最为重要的资源。这些数据可能是结构化的，也有可能是非结构化的；可能从传统业务中而来，也有可能从物联网、人工智能等新的业务中而来；可能是人产生的，也有可能是机器产生的；可能是企业组织自身产生的，也有可能是企业与外部合作产生的。现在，1 小时内产生的数据可能比过去几百年间产生的数据还要多。

短时间内的数据价值取决于单个事件的实时性，例如电商网站的消费推荐。随着数据累积，数据价值的产生转变为依靠长期、宏观的探索和归纳，因此增长曲线趋缓。数据价值的变化由此就呈现为一条"微笑曲线"，如图 1-1 所示。

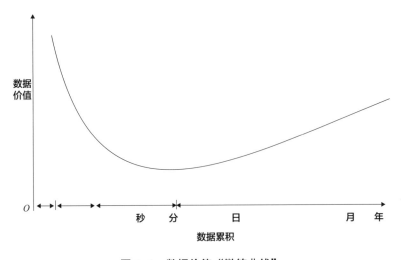

图 1-1　数据价值"微笑曲线"

基于这样的"微笑曲线"，数字化转型过程中必须解决海量数据的存、用、管三个方面的问题。

- **存**：数据量不断增长，需要在低投入的情况下实现大容量数据存储，并且要应

对软 / 硬件故障导致的数据丢失风险，实现存储系统数据的不丢与不错。

- 用：确保生产业务 7×24 小时不间断，需要保证数据的安全性和可用性。随着人工智能和大数据应用的发展，还要满足对海量数据实现高带宽、低延时访问的业务需求。

- 管：既要满足不同国家、区域、行业相应的合规要求，又要做到防泄露、防误删、防勒索。所以，频繁的数据复制、调度也给数据管理带来了更大的挑战。

同时，随着线上或线下业务数量的不断积累，数据的迁移和复制将带来高传输成本和高延时等问题。因此，应用、计算需要向存储端靠近，这就是数据"引力"效应，如图 1-2 所示。

图 1-2 数据"引力"效应

数据"引力"效应使得计算架构逐渐以数据存储为中心。为了减少数据的移动以提升计算效率，数据存储池可以被多个大数据分析引擎共享。而从存储系统本身出发，计算效率的提升也离不开存储介质和存储软件架构的发展。

1.2 存储介质的发展

存储介质是数据存储的关键。让我们看看存储介质的演变过程（如图 1-3 所示），回顾那些具有里程碑意义的时刻。

1951 年，磁带首次被用在计算机上存储数据。

1956 年，世界第一块硬盘驱动器出现。其容量只有 5MB，随机访问每秒读写次数（Input/Output Operations Per Second，IOPS）大约为 1.5 次，单个 I/O 延时为 600ms。该磁盘的运输需要借助飞机。

1968 年，8 英寸软盘被开发出来。

1980 年，闪存登上了存储的历史舞台。

1983 年，借助于巨磁阻、垂直记录、充氦等技术，磁盘开始小型化，成为桌面级磁盘，单盘容量也达到 2.52GB 以上，IOPS 提升到了 160 次。和第一代磁盘相比，其各方面能力有了巨大的提升。

图 1-3　存储介质的演变过程

直到现在，磁盘仍然是数据存储的主流介质。在过去几十年的发展中，磁盘容量得以扩充，目前已经达到 16TB，体积小型化，针对吞吐带宽型应用，具有很高的性价比。但是磁盘的 IOPS 能力一直停滞不前，每秒 200 次左右的 I/O 操作，已经达到了机械装置的能力上限。和 CPU 计算性能的发展相比，磁盘作为现代计算机系统中的机械部件，存在严重的性能"剪刀差"问题，制约着计算机整体系统的性能提升。虽然可以通过缓存、I/O 调度、数据布局等方式来优化磁盘存储的性能，但从行业发展趋势来看，磁盘性能的提升难度越来越大，不再适用于延时敏感型应用。在这样的背景下，以 NAND 型闪存（NAND Flash Memory，NAND Flash）为代表的固态硬盘（Solid State Disk，SSD）应运而生，弥补了磁盘介质的不足。

1.2.1　NAND Flash

以 NAND Flash 为代表的固态硬盘的发展，突破了长期以来一直困扰存储系统的性能瓶颈问题，改变了传统存储系统的设计与实现方法，加速了新型应用领域的技术架构发展。目前一块基于 NAND Flash 介质的 2.5 英寸固态硬盘，主流容量超过 8TB，最大容量达到 64TB，IOPS 达到 100 万次，写 IOPS 超过 20 万次，单个 I/O 延时小于 100ms。和磁盘相比，IOPS 得到了 5000 倍的性能提升，这是历史性的技术变革。

在具体分类上，NAND Flash 可以分为单层式存储单元（Single Level Cell，SLC）、多层式存储单元（Multi Level Cell，MLC）和三层式存储单元（Triple Level Cell，TLC），如图 1-4 所示。

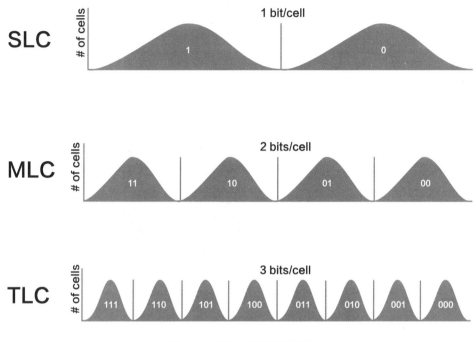

图 1–4　SLC、MLC 和 TLC

SLC 在电子系统中被大量使用，尤其是在军工电子领域，被用作电子系统的数据存储单元。SLC 使用寿命长、存储密度低，一个单元（Cell）代表一个比特位（Bit）。

相对于 SLC，MLC 的存储密度提升了 1 倍，一个单元代表两个比特位。MLC 是固态硬盘开始大规模使用的一种介质，P3700 等业内明星产品都采用这种介质。

在 MLC 的基础上，TLC 的存储密度提升了 33%，一个单元代表三个比特位，但是使用寿命（擦写次数）因此有所下降。为了提升使用寿命，TLC 的数据编解码算法从 BCH 码（取自 Bose、Chaudhuri、Hocquenghem 三人名字的首字母）向低密度奇偶校验码（Low Density Parity Check Code，LDPC）演进，通过高性能纠错算法（Hard&Soft LDPC）增强纠错能力，从而达到企业级可用的状态。

为了进一步增强存储密度，NAND Flash 开始从内部构建"高楼"，在工艺上从 2D 向 3D 演进，3D 成为 NAND Flash 的标配技术。目前已经开始规模化使用 3D TLC 固态硬盘，P4500 是 Intel 公司推出的首款 3D TLC 固态硬盘（其模型如图 1-5 所示）。通过固态硬盘内部软硬一体的纠错码技术，TLC 的擦写次数提升到了 5000 次以上，相应的数据中心级固态硬盘每日数据写入量可以达到 0.9 DWPD（Drive Writes Per Day，每日整盘写入次数）以上，从而满足了数据中心应用的需求。

图 1-5　3D TLC 固态硬盘模型

为了持续增加容量、降低成本，四层式存储单元（Quadruple Level Cell，QLC）NAND Flash 在 2018 年登上了历史舞台。QLC NAND Flash 有更高的存储密度、更低的存储成本，但也更加不稳定。在存储系统设计方面，需要通过软件对 QLC 介质层面的缺陷进行补偿，例如，结合高性能存储介质傲腾（Optane）固态硬盘和 QLC 介质的特性，通过软件在傲腾中聚合数据，对 QLC 写入的 I/O 模式进行整形，优化 QLC 介质的性能，延长其使用寿命。

NAND Flash 介质技术在不断的演进与发展之中：一方面持续增大容量和优化性能，服务于高性能存储领域；另一方面进一步降低成本，逐步在大容量、高吞吐、低成本领域应用。

除了 NAND Flash 介质，半导体存储介质中还有很多新型非易失性存储介质正在蓬勃发展，如 XPoint、磁性随机访问存储器（Magnetic Random Access Memory，MRAM）、可变电阻式内存（Resistive Random-Access Memory，ReRAM）等。在未来的十多年，半导体存储介质因其在性能、服务质量和成本方面具备较强的竞争力，将会在很多应用场景中逐步取代磁盘，成为数据中心应用的主流介质。

1.2.2　NVMe SSD

NVMe SSD 是一种接口采用非易失性内存主机控制器接口规范（Non-Volatile Memory express，NVMe）的固态硬盘。和传统的机械硬盘相比，NVMe SSD 最大的不同在于采用半导体介质作为存储介质，如 NAND Flash，通过存储电荷的多少来保持数据状态。由于电容效应、磨损老化、操作电压干扰等，NAND Flash 天生存在漏电（电荷泄露）问题，非常容易出现比特位翻转而导致存储数据发生变化。因此，NAND Flash 本身是一种不可靠介质。固态硬盘的一个重要使命就是通过控制器硬件和固件将这种不可靠的介质变成可靠的存储盘。

在硬件层面，采用集成在固态硬盘控制器内部的错误检查与纠正（Error Checking and Correction，ECC）硬件单元解决经常出现的比特位翻转问题。每次存储数据时，ECC 硬件单元需要为存储的数据计算 ECC 校验码；每次读取数据时，ECC 硬件单元会根据校验码恢复异常的比特位。使用 MLC 介质时，在 4KB 数据中存在 100bits 翻转时，可以采用 BCH 编解码技术进行纠错；使用 TLC 介质时，位错误率大幅提升，在 4KB 数据中出现 550bits 翻转时，要用具有更高纠错能力的 LDPC（Low Density Parity Check Code，低密度奇偶校验码）编解码技术来恢复数据。

在接口层面，通过 NVMe 接口取代了传统的串行高级技术附件（Serial Advanced Technology Attachment，SATA）/串行连接 SCSI（Serial Attached SCSI）接口及其协议，CPU 和硬盘之间的交互直接通过高速串行计算机扩展（Peripheral Component Interconnect express，PCIe）总线完成，应用层采用高性能的 NVMe 命令及其协议进行数据及控制交互。接口层面的改变拉近了 CPU 和硬盘的距离，可以更好地发挥半导体存储介质的性能。

在固件层面，固态硬盘内部实现了闪存转换层（Flash Translation Layer，FTL）。该固件层的设计思想和基于日志结构的文件系统（Log-structured File System）设计思想类似，采用日志追加写的方式记录数据，并采用从逻辑区块地址（Logical Block Address，LBA）至物理区块地址（Physical Block Address，PBA）的地址映射表记录数据组织方式。固态硬盘内部通过 FTL 解决了 NAND Flash 不能原地更新的问题，采用磨损均衡（Wear Leveling）算法解决了 NAND Flash 磨损使用寿命的问题，通过保持时间（Data Retention）算法解决了 NAND Flash 长时间存放导致的数据不可靠问题，通过数据迁移（Data Migration）方式解决了重复读取引入的数据导致的错误率升高的问题。FTL 是 NAND Flash 得以大规模使用的核心技术，也是固态硬盘的重要组成部分。FTL 最大的一个问题就是垃圾回收（Garbage Collection，GC）。虽然 NAND Flash 本身具有很高的 I/O 性能，但受限于垃圾回收，它在固态硬盘层面的性能会受到很大的影响，并且存在十分严重的 I/O 服务质量（Quality of Service，QoS）问题。这也是 NVMe 技术规范向分区名字空间（Zoned Name Space，ZNS）技术发展的一个重要原因。

通常来讲，NVMe SSD 可以分为企业级固态硬盘和消费级固态硬盘。企业级固态硬盘主要面向高性能、低延时的应用，消费级固态硬盘主要面向消费类电子产品。在企业级应用环境中，往往为了追求极致的 I/O 性能，一个普通的 NVMe SSD 要实现超过 3Gbps 的吞吐带宽、将近 100 万次的 IOPS。在队列深度控制比较好的情况下，NVMe SSD 读延时控制在 100μs 左右，写延时控制在 14μs 左右。在异常断电的情况下，NVMe SSD 内部缓存中的数据在超级电容的保护下得到持久化，保证了数据的可靠性。和传统存储介质相比，NVMe SSD 的性能要远远优于传统磁盘和 SATA SSD。NVMe SSD 与 SATA SSD 及机械硬盘（Hard Disk Drive，HDD）的性能对比，如图 1-6 所示。

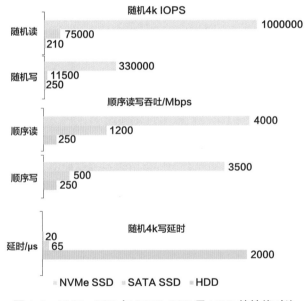

图 1-6　NVMe SSD 与 SATA SSD 及 HDD 的性能对比

NVMe SSD 的普及和应用，一方面解决了传统磁盘的性能瓶颈问题，另一方面给存储软件系统的设计带来了革命性的变化。

1.3 存储软件技术发展

随着高性能存储介质的发展，传统存储系统的 I/O 性能瓶颈正在从存储介质向网络和 CPU 等其他组件转移。在磁盘存储时代，存储软件栈的设计要围绕磁盘的特性。存储软件栈基本都是采用多线程（线程池）、模块化的方式进行设计的，不必在存储软件架构及多处理器协同处理方面有过多的设计考虑。软件层通过数据缓存、I/O 调度等方式聚合数据，将逻辑地址连续的 I/O 优先调度处理，减少磁盘的随机 I/O 访问，尽可能解决磁盘抖动引入的性能问题。在磁盘内部则通过原生命令队列（Native Command Queuing，NCQ）机制进一步防止磁头抖动，优化性能。

当 NVMe SSD 半导体介质成为主流后，传统面向磁盘的存储软件设计方法已经不再适用。磁盘中出现的问题在新型介质上不复存在，但新型介质同样存在其独特的新问题。为此，在设计存储软件栈时需要面向新型介质采用不同的技术手段，如图 1-7 所示。

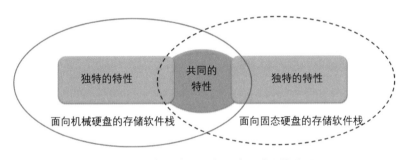

图 1-7 磁盘系统和闪存系统设计上的差异

1.3.1 用户态存储软件栈

在磁盘存储时代，由于性能的瓶颈在于磁盘本身，所以软件栈本身运行在内核还是用户态，对存储性能的影响不是很大。但内核软件的运行效率要高于用户态软件，实时性更容易得到保证，并且更方便与硬件进行交互，因此磁盘存储时代的很多核心存储软件都运行在内核之中，提供单机存储引擎的能力。

随着存储介质技术的发展，存储性能越来越高，操作系统本身的机制限制了 I/O 性能的发挥，出现了包括海量的中断处理、用户态与内核态之间的上下文切换、线程之间的切换、用户态与内核态之间的数据拷贝、多线程之间的资源竞争等典型问题。这些问题都极大地影响了高性能介质的发挥。为了解决这些问题，存储软件栈的设计方法——尤其是软件模型——需要重新思考。例如，将整个存储软件栈从内核态搬移到用户态，可以解决用户态与内核态之间的切换、数据拷贝等问题，从而可以解决在操作系统层面上的无谓开销。

将存储软件栈从内核态转移到用户态看似简单，但是这一操作只有在使用 NVMe SSD 之后才变得完全可行和更加有意义。

在 SATA/SAS 时代，存储软件栈比较厚重，需要小型计算机系统接口（Small Computer System Interface，SCSI）协议栈的处理。整个 SCSI 协议栈都在内核中运行，如果需要在 SATA/SAS 时代将存储软件栈都运行在用户态，就要将主机总线适配器（Host Bus Adapter，HBA）驱动及整个 SCSI 协议栈全部移植到用户态，这个工作非常庞杂。NVMe SSD 是基于 PCIe 总线的存储盘，可以通过 I/O MAP 的方式将 PCIe 设备的操作寄存器映射到用户态，这样就可以直接在用户态操作 NVMe 设备，在此基础之上构建用户态设备驱动，让全用户态存储软件栈变得简单可行。

如图 1-8 所示，内核态存储软件栈演进至用户态存储软件栈之后，去除了上下文之间的数据拷贝及多线程之间的切换，通过轮询的方式避免了大量中断导致的处理器效率问题，让整个系统的 I/O 栈变得更加轻量。通过实际的测试数据对比可以发现，采用同样的测试用例，随着队列深度（Queue Depth，QD）的增加，内核态驱动比用户态驱动更早达到性能瓶颈。

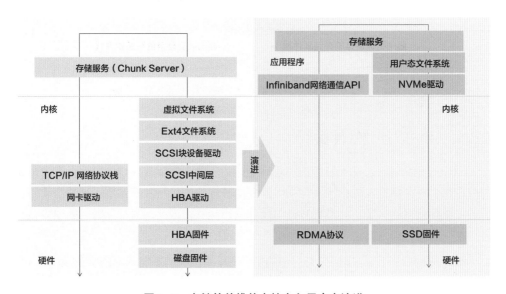

图 1–8　存储软件栈从内核态向用户态演进

图 1-9 所示的是二者在 Intel P3500 SSD 上采用单线程读压测的测试结果。Pulse

Driver 是一种用户态驱动，Kernel Driver 是内核态标准 NVMe 驱动。随着队列深度的增加，内核态驱动在 QD=64 的时候达到性能瓶颈，延时开始急剧上升，并且整体 IOPS 无法突破 28 万次。采用用户态驱动之后，以相同的测试用例，随着队列深度的增加，QD=128 的时候才达到性能瓶颈，峰值 IOPS 达到了 43 万次。对比测试都是在 Xeon 8163 单个处理器内核（CPU Core）上进行的，由此可见，单个 CPU 内核在用户态工作模式下可以获得更好的 I/O 处理能力，更好地发挥 CPU 能力，并且在大 I/O 压力下，用户态软件可以获得更低的 I/O 延时。同样在 QD 为 80 的情况下，内核态驱动下的平均 I/O 延时达到了 300μs，用户态驱动的平均延时可以控制在 200μs 左右。

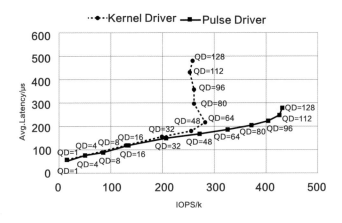

图 1-9 内核态驱动与用户态驱动在 Intel P3500 SSD 上的性能差异

随着存储介质性能的进一步提升，用户态存储软件栈获取的收益更为明显。图 1-10 所示的是二者在 Optane SSD 上的测试结果。Optane SSD 采用的是 XPoint 存储介质，比基于 NAND Flash 介质的固态硬盘性能高。在这种高性能介质上面，内核态存储软件栈和用户态存储软件栈的性能差距更大。在内核态驱动下，随着队列深度的增加，IOPS 很快达到性能上限，无法突破 30 万次。和 P3500 SSD 相比，二者的性能接近。也就是说，在内核态驱动的模式下，单核处理器的 IOPS 上限是 30 万次，与介质的特性基本无关。在采用用户态驱动之后，单核处理器对 Optane SSD 的 IOPS 接近 60 万次，比内核态驱动的性能提升了 1 倍，可以充分发挥高性能介质的优势。

从 NVMe SSD P3500 和 Optane SSD 之间的性能对比测试中可以看出，随着介质性能的提升，用户态存储软件栈和内核态存储软件栈的性能差距增大。对于高性能存储介质而言，内核态驱动本身成为限制介质性能发挥的重要因素，而通过用户态存储软件的设计方式可以解决这一问题。

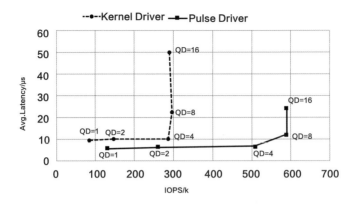

图 1-10 内核态驱动与用户态驱动在 Optane SSD 上的性能差异

1.3.2 高性能用户态存储软件平台

在传统的存储软件开发过程中，由于内核提供了大量的机制，包括线程管理、设备管理、文件管理、块设备机制、内存管理、驱动及各种支持工具，所有上层存储软件栈的开发变得简单。如果将整个存储软件都转移到用户态，绕过内核，那么系统开发将失去底层操作系统的支持，整个开发工作将变得复杂。为了简化用户态存储软件栈的开发，需要为用户态存储软件栈提供和内核态开发类似的机制，因此就有了高性能用户态存储软件平台。

图 1-11 展现了一个高性能用户态存储软件平台的基本架构。该架构涵盖了系统内核、驱动及库、存储服务、管理服务，以及测试与工具等多个模块。基于该平台可以加速高性能存储软件栈的研发，其主要功能包括：

（1）用户态驱动

在用户态实现设备驱动，使得在用户态环境下能直接访问并操作硬件设备，数据 I/O 操作不需要内核态驱动的支持。

（2）用户态设备管理

在用户态驱动的支持下实现硬件设备的枚举、访问、热插拔及生命周期等管理内容，为存储软件提供用户态设备管理能力。

（3）用户态系统管理

在用户态设备管理的基础上，要有类似传统 Ext4 的文件系统，以便对物理资源和逻辑资源进行管理与分配，从而为上层分布式存储软件提供底层逻辑资源的抽象与管理。

（4）用户态内存管理

在用户态程序环境下，为了提升 I/O 处理效率，I/O 内存需要分配连续物理内存，进行直接存储器访问（Direct Memory Access，DMA）等硬件操作，因此需要对用户态内存进行直接管理。考虑到内存分配的高效性，整个用户态的内存管理机制将独立于操作系统提供的内存管理机制。

（5）用户态任务管理

通过该机制实现用户态任务之间的优先级调度，从而保证 I/O 处理的实时性，以及任务处理之间的隔离性。

图 1-11　高性能用户态存储软件平台的基本架构

1.4　存储系统架构的演进

纵观存储系统的发展，存储系统架构主要的演进历程可以分成三个阶段，如图 1-12 所示。

第一阶段，硬件主导的存储系统架构，硬件在存储系统设计过程中占较大比例；

第二阶段，软件主导的存储系统架构，以软件定义的方式实现存储系统的功能；

第三阶段，面向云端的软硬件协同存储系统架构，重新定义硬件和软件的边界，协同设计，最大限度地发挥硬件的能力和软件的灵活性，构建面向数据中心的大规模分布式存储。

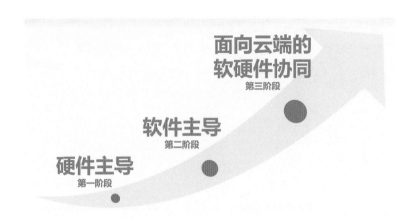

图 1-12　存储系统架构演进历程

1.4.1　硬件主导的存储系统架构

早期的存储系统设计都以硬件为核心，为了实现高效的 I/O 处理，需要设计合理的硬件体系结构。随着以 x86 为核心的存储服务器平台逐步成熟，存储系统的设计开始基于 x86 服务器架构，通过高速互连将 x86 服务器连接。此时的存储节点硬件会有一定程度的定制，保证存储节点的可靠性和 I/O 性能。

双控磁盘阵列是企业传统存储的典型架构，如图 1-13 所示。该架构由两个存储控制器构成，存储控制器之间通过高速互连连接。阵列的前端通过光纤通道（Fibre Channel，FC）或者 Internet 小型计算机系统接口（Internet Small Computer System Interface，iSCSI）协议导出逻辑卷，后端通过 SAS 扩展器连接磁盘，构成纵向扩展的架构。

为了确保在一个存储控制器发生故障的情况下，存储资源可以被另一个存储控制器接管，磁盘需要采用双端口设计，这样两个存储控制器就可以看到所有的磁盘。在软件上需要实现高可用性（High Availability，HA），提供双活（Active-Active）或者单活（Active-Standby）的模式。通过硬件互连实现内存数据的镜像，在存储控制器故障的情况下可以进行存储控制器的切换，保证服务的可用性。

高可用性设计的难点在于需要防止"脑裂"（同一个集群中的不同节点对于集群的状态有了不一致的理解）。可以通过双机头之间的多种互连通路来确认对方的状态，并且通过智能平台管理接口（Intelligent Platform Management Interface，IPMI）控制对方系统重启，保证状态的一致性。双控磁盘阵列架构适合小规模存储，与数据中心横向扩展（Scale Out）的规模化存储应用场景有较大的差别。

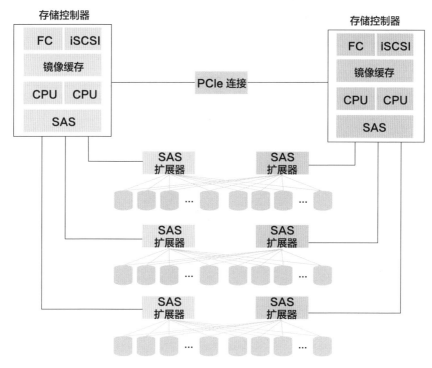

图1-13　典型双控磁盘阵列架构

　　单阵列的存储规模比较小。为了构建大规模存储系统，在阵列的基础上采用存储区域网络文件系统（Storage Area Network File System，SAN File System）构建集群存储系统是常用的技术手段，如图1-14所示。这种系统通常提供标准可移植操作系统接口（Portable Operating System Interface，POSIX）语义的网络直连存储（Network Attached Storage，NAS）服务，广泛应用在非线性编辑等领域。存储区域网络文件系统的架构特点和现在的分布式存储系统相似，采用数据与元数据分离的设计方式，元数据通过专门的服务器——元数据服务器（Meta Data Server，MDS）提供服务。在计算端安装客户端软件，在访问用户数据时，首先访问元数据服务器并获取数据存放的位置，然后直接访问后端的阵列获取数据。在元数据服务器上可以实现名字空间（Name Space）的管理，从而构建全局统一的集群文件系统。为了保证可靠性，元数据服务器可以采用多机冗余的方式，确保在单点故障情况下的业务可用性。

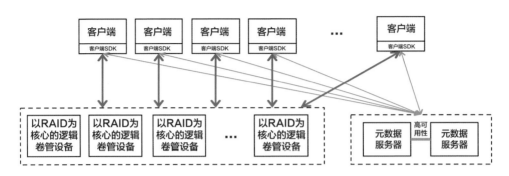

图 1-14 基于 SAN 的集群存储系统架构

该架构与后来演进的中心化分布式存储架构有很多相似之处，而最大的区别在于存储软件的容错能力不同。阵列本身具有可靠性和可用性，因此在这种集群存储系统中可以不采用节点间数据冗余的方式，而由阵列来保证容错能力。为了降低存储系统的整体成本，需要在廉价服务器的基础上构建存储系统，因此软件主导的存储系统架构随之出现。

1.4.2 软件主导的存储系统架构

早期存储系统的设计对硬件的依赖性很强，不同类型的存储系统拥有不同架构的硬件系统。尤其是高端存储，要采用复杂的硬件架构来解决性能、容量和可靠性等方面的问题。最近十多年，软件定义存储逐步成为存储系统设计的主流。软件主导的存储系统架构与其他类型的存储技术最大的差别在于，其在通用服务器的基础上，采用分布式软件容错的设计方法，实现了灵活扩展、可靠容错的数据存储能力。

对于大规模数据中心来说，廉价服务器具有很大的成本优势，可通过分布式软件解决数据可靠性和服务可用性问题。分布式存储架构主要有中心化和去中心化两大类。

1. 中心化分布式存储架构

中心化分布式存储架构和传统的集群存储系统非常类似。如图 1-15 所示，整个系统由三大部分组成：数据存储节点（Chunk Server）、元数据服务节点（Master）和客户端（Client）。数据存储节点负责存储介质的管理，对外提供单机数据存储的服务；元数据服务节点负责分布式系统的管理和元数据服务；客户端提供分布式存储的接入与访问。在这种架构中，元数据服务节点提供了中心化的服务，为了解决中心化节点的服务可用性和可靠性问题，需通过 Paxos 协议构建中心化服务组。

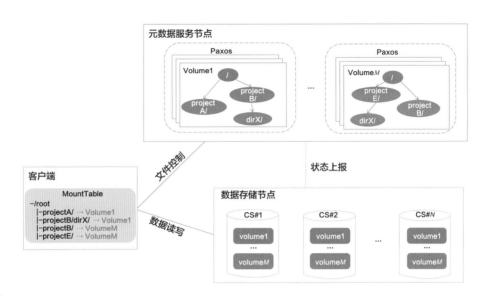

图 1-15　中心化分布式存储架构

2. 去中心化分布式存储架构

去中心化分布式存储架构和中心化分布式存储架构不同，不再依赖中心化的元数据服务节点，元数据通过一致性哈希（Hash）函数等数学规则实现数据分布。如图 1-16 所示，采用去中心化架构构建了大规模分布式存储系统。中心化和去中心化的架构在数据中心都得到了大量应用，但是中心化分布式存储架构应用更加普遍，可控性更好。中心化分布式存储架构中存在的元数据服务性能瓶颈问题，可以通过分布式元数据服务的方式，扩展元数据服务的能力来解决。

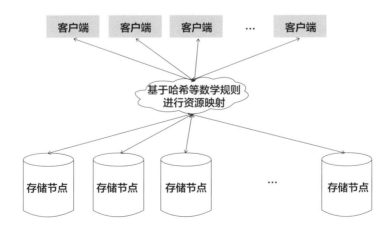

图 1-16　基于哈希规则的去中心化分布式存储架构

1.4.3 面向云端的软硬件协同存储系统架构

软件定义存储技术在云存储场景得到了大规模应用，通过软件的方式对硬件进行容错，从而实现系统的可靠性。新硬件技术及云存储技术的发展，要求系统在相同硬件成本的基础上发挥更大的效能。例如，存储盘给软件系统提供块设备（Block）接口，在块设备的基础上实现存储系统。NAND Flash 半导体存储介质在存储领域得到了规模化应用，为了兼容原来的系统，需要在 NAND Flash 的基础之上实现存储虚拟化层，通过该存储虚拟化层将 NAND Flash 封装成块设备接口。存储系统软件栈本身就是一层存储虚拟化层，因此从全链路视角来看，可以发现有很多存储虚拟化层，而这些存储虚拟化层相互独立，会引入额外的开销，让整体系统的性能无法达到最佳。

为了解决该类问题，需要打破原有的接口模式，从端至端的角度重新定义分层结构，以及软件与硬件之间的协同与接口方式。例如，基于 NAND Flash 的固态硬盘可以放弃原来的 Block 接口，直接采用类似对象的 Zone 接口，将 NAND Flash 的追加写（Append Write）的特性暴露给存储软件层，在固态硬盘内部不再做复杂的映射转换层，数据在 NAND Flash 上的放置直接在存储软件层实现。如图 1-17 所示，采用面向云的软硬件协同存储系统架构设计方式，演进分布式存储软件和硬件，从而最大化地发挥软硬件的性能，在保持硬件成本不变的情况下，提升全栈存储效能。

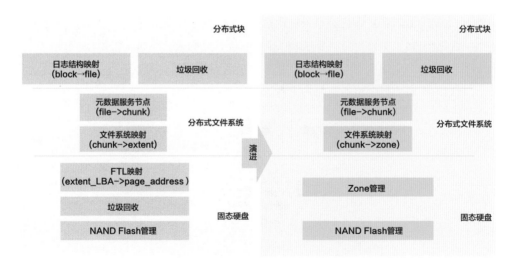

图 1-17　分布式软硬件协同存储系统架构的演进

第 2 章

存储关键技术

　　数据从产生到消亡，每个环节都涉及诸多的存储技术。不管是云存储还是传统存储，存储技术都存在共性，例如：需要定义存储协议实现对存储资源的访问；为了缩减存储空间，需要对数据进行重删与压缩；为了提升数据的可靠性和可用性，需要进行数据复制与数据冗余；为了对通用硬件进行容错，需要分布式一致性协议；为了保障数据的安全性，需要采取数据加密与权限控制措施；等等。本章我们将对这些技术进行具体介绍。

2.1 存储协议类型

云存储通常有块存储、文件存储和对象存储等不同类型的产品。这些不同类型的存储产品，使用不同的存储协议：块存储常见的协议包括 SCSI/iSCSI，以及 NVMe 等；对象存储主要使用 RESTful API；文件存储采用网络文件系统（Network File System，NFS）或者消息服务块（Server Message Block，SMB）等。本节将重点描述这些存储协议。

2.1.1 SCSI 与 iSCSI

SCSI/iSCSI 协议遵循开放系统互连参考（Open System Interconnection，OSI）模型，如图 2-1 所示。

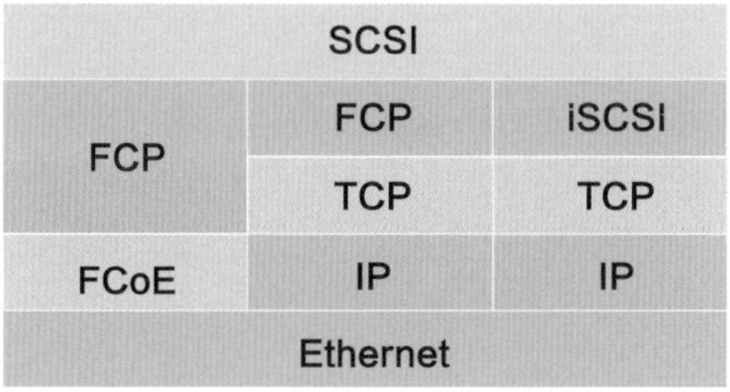

图 2-1 SCSI/iSCSI 协议

- SCSI 层

根据应用发出的请求建立 SCSI 的命令描述符块（Command Description Block，CDB）并传给 iSCSI 层，同时接收来自 iSCSI 层的命令描述符块并向应用返回数据。

- iSCSI 层

对 SCSI CDB 进行封装，以便在基于 TCP/IP 协议的网络上进行传输，完成从 SCSI 到 TCP/IP 的协议映射。

在传统的 SCSI 接口中，其传输的距离有限，因此用光纤通道来延长传输距离。FCP（Fibre Channel Protocol）和 TCP/IP 都遵循 OSI 模型，FCP 封装 SCSI，只是在物理上增加了光纤通道的电路，其核心的 SCSI 部分基本不做修改。在流量控制和 CPU 占用方面，FCP 占优势。

相对 FCP，iSCSI 在可扩展性、易用性和兼容性方面占优势。同时 iSCSI 由于有流量拥塞控制机制、发现和地址机制、超时重发机制、安全机制等方面的优势，比光纤通道更适合需要跨越远距离传输的存储网络。

1. SCSI

SCSI 由多个协议组成，包括块命令（SCSI Block Command，SBC）、精简块命令（Reduced Block Command，RBC）、流命令（SCSI Stream Command，SSC）、多媒体命令（SCSI Media Changer Command，SMC）、控制命令（SCSI Control Command，SSC）、封装服务（SCSI Enclosure Service，SES）、基于对象的存储设备（Object-based Storage Device，OSD）等。

SCSI 标准（如图 2-2 所示）的底层是物理接口和传送层。物理接口用于连接服务器和 SCSI 设备，以实现二者之间的物理通信。传送层在物理接口的上层，用于在服务器和 SCSI 存储设备之间传送 SCSI 命令、数据、状态等信息。

SCSI 命令层协议包括专有命令集（SCSI Architecture Model，SAM）和基本命令集（SCSI Primary Command，SPC）。

图 2-2　SCSI 标准

专有命令集定义了 SCSI 的意义和其他 SCSI 协议必须提供的服务。基本命令集定义的是所有 SCSI 目标器设备支持的命令。此外，SCSI 目标器设备还应该支持特定的与设备类型相关的命令集。基本命令集不但定义了基本命令，还定义了如诊断参数、模式参数、日志参数、重要产品参数等 SCSI 设备都应该支持的管理参数。

基本命令集中的一些命令是所有 SCSI 设备都必须实现的，也有一些是可选择实现的命令。所有的 SCSI 产品都必须遵守基本命令集协议。最上层是 SCSI 专有命令集，每个 SCSI 设备只需要实现其中一个命令集。

除了基本的 SCSI 命令，还有一些高级的特殊命令，包括：

（1）持久预留（Persistent Reservation，PR）

为了防止集群发生"脑裂"现象，节点集群通过 SCSI-2 Reserve/Release 触发 I/O Fencing 来保证整个集群正常运行，但 SCSI-2 并不适用于多节点集群。多节点集群可以使用 SCSI-3 PR。主流厂商集群套件都已经支持 SCSI-3 PR，例如 VCS、HACAMP、RHCS 等业界成熟的具有高可用性的集群软件。

SCSI-2 Reserve/Release 和 SCSI-3 PR 都可以保证集群文件系统中的多节点同时访问存储数据的一致性，SCSI-3 PR 相比 SCSI-2 Reserve/Release 更能减少访问权限冲突，即一个节点尝试访问一个已经被预留的存储。Windows MSCS/MSFC、Oracle RAC 等企业的高可用架构，就使用 SCSI-3 PR 来提供共享磁盘的访问互斥，以及基于 DISK 作为仲裁机制。图 2-3 所示为 SCSI-3 PR 的连接方式。

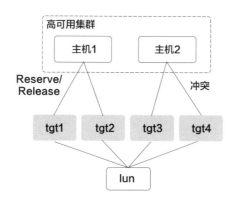

图 2-3　SCSI-3 PR 的连接方式

（2）扩展拷贝

扩展拷贝（Extend Copy）支持在存储系统内部直接进行数据拷贝，不需要主机做读写操作，不消耗主机 CPU 资源及以主机到存储的网络资源，在虚拟机克隆、数据备份等场景中能有效地提升系统效率，如图 2-4 所示。

（3）ALUA

ALUA 即非对称逻辑单元访问（Asymmetric Logical Unit Access），通过 ALUA 协议可以将同一个逻辑单元号（Logical Unit Number，LUN）的不同路径设置为主动优化（Active Optimized，AO）和主动非优化（Active No Optimized，ANO）。在 ALUA 框架中，存储节点通过某条会话向计算节点返回 UA（Unit Attention），通知计算节点该存储节点的目标端口组（Target Port Groups，TPG）的状态发生变更，触发计算节点发送报告目标端口组命令到存储节点。由此，存储节点可以在某条会话

（Session）重定向前，设置该会话优先级为 ANO，从而实现某条会话的 I/O 在该会话重定向前切换到其他可用会话上。具体如图 2-5 所示。由于各厂商的交互协议不统一，所以 SCSI 体系最新的规范里定义了 ALUA 协议，期望各厂商按照 ALUA 协议规范来实现多路径软件和阵列之间的交互。

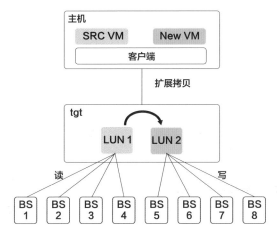

图 2-4　扩展拷贝

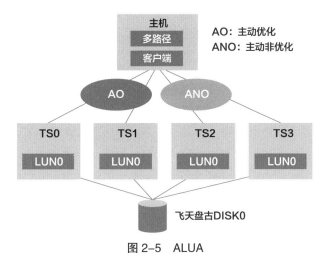

图 2-5　ALUA

（4）Compare & Write

Compare & Write 命令支持在一个原子的命令中携带两个扇区，目标扇区在收到命令后先比较目标地址的内容是否与第一个扇区一致，如果一致则覆盖写入第二个扇区的内容，否则返回未命中。Compare & Write 最主要的应用场景即作为 VMware 的

ATS（Automatic Test and Set）特性，用于 VMware VMFS 文件系统。

VMFS 允许多主机对同一共享逻辑卷的并发访问。如图 2-6 所示，VMFS 有一个内置的安全机制，防止数据被多台主机同时修改。在老版本系统 VMFS3 上，vSphere 采用 SCSI 预留作为其文件锁定机制，这种方式在 VMFS 更新某项元数据时，均使用 RESERVE SCSI 命令锁定整个逻辑卷，造成此时其他在业务上允许并发的 I/O 访问也会被拒绝。ATS 命令是 VMFS5 引入的一种新的硬件辅助的存储锁定机制，可以对指定磁盘数据块而非整个逻辑卷加锁，从而使逻辑卷的非锁定区域不受加锁影响，避免加锁导致的性能下降。

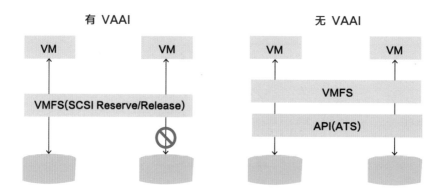

图 2-6　VMFS

2. iSCSI

iSCSI 技术主要用于 IP SAN 场景，是一种基于因特网及 SCSI 协议的存储前端技术。通过 SCSI 控制卡，连接多个设备，形成自己的网络，但是这个网络局限于与所附加的主机进行通信，并不能在以太网上共享。如果能够通过 SCSI 协议组成网络，并且直接挂载到以太网上，作为网络节点和其他设备进行互联共享，SCSI 就可以得到更为广泛的应用。因此，经过对 SCSI 的改进，推出了 iSCSI 这个协议，其结构如图 2-7 所示。

iSCSI 节点将 SCSI 指令和数据封装成 iSCSI 包后传送给 TCP/IP 层，再由 TCP/IP 协议将 iSCSI 包封装成 IP 协议数据，最后发送到以太网上进行传输。

基于 iSCSI 协议的 IP SAN 是把用户的请求转换成 SCSI 代码，并将数据封装进 IP 包后在以太网中进行传输。

iSCSI 协议提供了独立于其所携带的 SCSI CDB 层的概念。iSCSI 请求传递 SCSI 命令，iSCSI 响应处理 SCSI 响应和状态。iSCSI 为基于 IP 协议的 PDU（Protocol Data

Unit）提供了一个在 SCSI 的命令结构内映射的机制，SCSI 的命令和数据被填充在一定长度的数据块内进行传输。

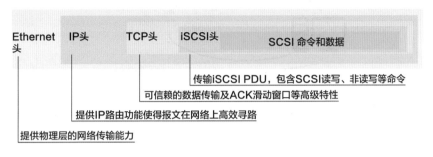

图 2-7 iSCSI 的协议栈结构

iSCSI 翻译器取得 SCSI CDB，将其映射为 iSCSI PDU，在 TCP 连接上发送到一个目标 iSCSI 设备。翻译器通过连接 ID 识别一组映射 SCSI 连接的 TCP 连接。从启动设备和目标设备的角度看，这个连接就像是一个普通的 SCSI 通信，整个 IP 传输对于启动设备和目标设备而言是透明的。启动设备或目标设备可以是一个 iSCSI 设备，能够用 TCP 直接在 IP 网络中通信。

iSCSI 一般使用 TCP 端口 860 和 3260。本质上，iSCSI 让两个主机通过 IP 网络相互协商，然后交换 SCSI 命令，实现通过以太网提供一个高性能本地存储总线，从而创建一个存储局域网的目的。

从整体看，支持 iSCSI 的服务器把所有的 SCSI 命令都封装成 iSCSI PDU，iSCSI 会利用 TCP/IP 协议栈中传输层的 TCP 协议为连接提供可靠的传输机制。在封装 TCP 数据段头及 IP 数据包头后，其内部所封装的 SCSI 命令和数据对底层网络设备是不可见的，网络设备只会将其视为普通 IP 数据包进行传递，从而实现 SCSI 指令和数据的透明传输。

当一个 iSCSI 主机启动器准备与 iSCSI 存储目标器通信时，首先会发送一个登录（Login）请求，此请求包含 iSCSI 目标器通信的标识及身份验证信息；登录后，将建立一个 iSCSI 会话。由于采用了 iSCSI 重定向技术，存储目标器对计算集群只暴露 iSCSI 目标器代理 IP 地址，即虚拟 IP 地址（Virtual IP，VIP）。当主机启动器发送 iSCSI 登录请求时，具有 VIP 的目标器在 iSCSI 登录反馈中返回重定向的真实的 iSCSI 目标器临时 IP 地址，通知主机启动器原目标暂时转移到另一个地址，不再进行任何常规协商。最后，主机启动器将重新发送登录请求到新地址。具体过程如图 2-8 所示。

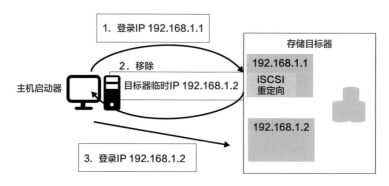

图 2-8 iSCSI 主机启动器与 iSCSI 存储目标器通信

TCP/IP 的广泛应用使得 iSCSI 成为比较常用的网络块存储协议。不过，由于 iSCSI 最初设计时只考虑到后端的存储硬件是机械硬盘，且单队列机制的 iSCSI 对多队列才能发挥出性能的闪存来说是巨大的瓶颈，所以，随着 NVMe 盘的广泛使用，用 NVMe 协议可以更好地发挥闪存性能优势，并有效提高存储系统的效率。

2.1.2 NVMe

NVM Express 是 NVMe 的主机控制器接口规范，使用 PCIe 总线直接将固态硬盘连接到主机服务器，目标是使固态硬盘与主机系统通信的速度更快，解决 SATA/SAS 等传统接口技术在系统连接时存在的性能瓶颈问题。

在 SATA 存储时代，主机 CPU 和固态硬盘之间还需要主机总线适配器 HBA 的支持。请求首先通过 PCIe 接口提交至主机总线适配器 HBA，主机总线适配器 HBA 再通过 SATA 接口将请求提交至固态硬盘。如图 2-9 所示，SATA/SAS 控制器首先需要接入 AHCI HBA，一个 AHCI HBA 可以连接多个 SATA/SAS 控制器。AHCI HBA 作为 PCIe 终端设备接入系统，通过操作系统实现对 SATA/SAS 设备的访问。

对比 NVMe 硬件互连架构，SATA/SAS 的架构更为复杂。在与 CPU 进行互连的过程中，除了可以用 AHCI HBA 扩展更多的 SATA/SAS 控制器，还可以使用 SAS 扩展器进行设备数量扩展。NVMe 硬件互连架构抛弃了传统的转换器、控制器，直接将设备接入 PCIe 总线，因此整体架构变得简单，设备数量直接通过 PCIe 转换器进行扩展。如图 2-10 所示，和传统的 SATA/SAS 接口相比，NVMe 设备距离 CPU 更近了，从而获得更高的 I/O 性能。

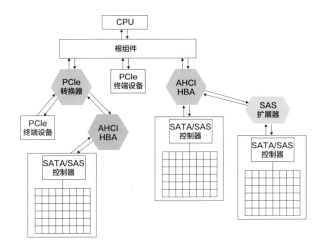

图 2-9　SATA/SAS 硬件互连架构

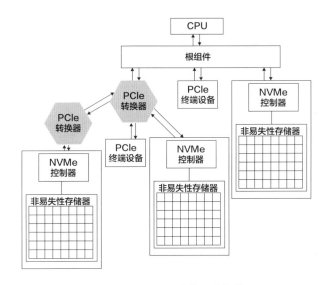

图 2-10　NVMe 硬件互连架构

1. NVMe 的特点

从技术的角度看，NVMe 被看作是传统存储接口的技术革新者，和传统的 SATA/SAS 相比，不同点包括：

①物理传输接口从 I/O 总线发展成局部总线，设备直接接入 PCIe 总线。外部设备与 CPU 的距离进一步缩短。CPU 访问外设不再需要通过层层协议转换和物理转发，I/O 的效率得到提升，充分发挥了半导体存储介质的性能优势。

②由于硬件架构的革新，软件协议得到大幅简化，重新定义的协议栈代替原有的 AHCI 和 SCSI/ATA 规范体系，大幅降低了软件层面的处理开销。

③为了发挥半导体存储的性能优势，无论从软件层面还是硬件层面，都采用了多队列技术实现 I/O 处理的高并发性。

在 NVMe 接口规范发展之初，设备与主机进行数据交互的命令规范、NVMe I/O 特性规范及软硬件接口的规范是在 PCIe 总线的基础上定义的。将 NVMe 进一步扩展至其他高性能数据传输协议，形成了 NVMeoF（NVMe over Fabric）的协议规范。例如，在 RDMA（Remote Direct Memory Access）协议之上实现 NVMe 数据传输，代替传统的 iSCSI 远程数据访问协议。

2. NVMe 的多队列

从存储软件使用的角度看，NVMe SSD 和普通的 SATA/SAS 磁盘没有太大的区别，在 Linux 环境下都是标准的块设备。由于 NVMe SSD 采用了最新的协议标准，其 I/O 软件栈简化了很多，没有复杂的 SCSI 中间层（Middle Layer），直接通过 NVMe 驱动来操作访问 NVMe 设备。在软件驱动层，和传统的 SATA/SAS 相比，有一个重大的差别在于 NVMe 引入了多队列机制。NVMe 驱动需要处理硬件多队列，实现主机 CPU 与设备的交互。NVMe 多队列可以分成管理队列和 I/O 队列，一个处理器核可以绑定一个或者多个 NVMe 硬件交互队列。Linux 通用块层内核软件栈提供了软件多队列技术，NVMe 规范提供了硬件多队列机制，软件多队列和硬件多队列可以相互配合，实现主机 CPU 与 NVMe 设备的高效数据交互。

主机 CPU 与 NVMe 设备采用"生产者 - 消费者"模型进行数据交互。原有的 AHCI 规范只定义了一个硬件交互队列，因此，即使主机端有多个处理器核，主机 CPU 与 SATA HDD 之间的数据交互也只能通过一个硬件交互队列来完成。在磁盘存储时代，由于磁盘是慢速设备，所以，当多个处理器核通过一个共享队列与磁盘进行数据交互时，虽然处理器之间会存在资源竞争，但是相比磁盘的性能，处理器竞争引入的开销可以忽略。

在半导体存储时代，AHCI 规范不再适用，原有的假设不复存在，因此 NVMe 技术规范诞生了。主机 CPU 与 NVMe 设备之间采用多队列的设计，适应了多核的发展趋势，每个处理器核与 NVMe 设备之间都可以采用独立的硬件队列对（Queue Pair）进行数据交互，如图 2-11 所示。从驱动软件的角度看，每个处理器核都可以创建一个队列对与 NVMe 设备进行数据交互。队列对由一个提交队列（Submission Queue，SQ）与一个完成队列（Completion Queue，CQ）组成，通过提交队列发送数据，通过完成队列接收完成事件。NVMe 设备硬件和主机 CPU 驱动软件之间通过控制队列的头指针和尾指针来完成双方的数据交互。

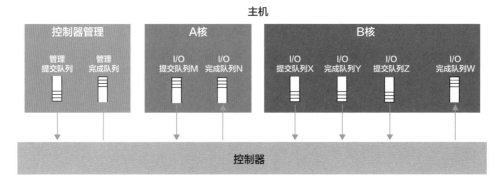

图 2-11　NVMe 硬件多队列

3. NVMe 的独特功能

NVMe 是一种面向未来的新型存储介质接口规范。考虑到半导体存储介质的大容量及高性能，NVMe 规范定义了很多存储新特性。

（1）NVMe 组功能

NVMe 组（Sets）功能是对固态硬盘物理资源的精细划分，每个组可以独占一部分固态硬盘的资源。每部分资源可以包含多个闪存通道（Flash Channel），以及多个闪存裸片（Flash Die），可以独立地进行读、写、擦除等操作。如图 2-12 所示，在使用 NVMe 组功能之前，多个应用共享所有的固态硬盘资源，会出现一个应用在执行的时候阻塞在另一个应用的操作的现象，降低了应用的 I/O 质量。在使用 NVMe 组功能之后，每个应用使用一个独立的组，不会出现相互阻塞的情况，提高了系统的 I/O QoS 能力。

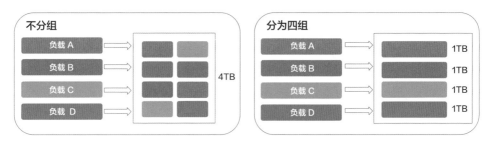

图 2-12　采用 NVMe 组功能前后的对比

因此，NVMe 组功能通过对物理资源的划分与隔离来减少不同应用之间的相互阻塞对 I/O 服务质量的影响。

（2）多流写入模式

固态硬盘内部的 NAND Flash 资源被抽象成若干个超级块（Superblock）资源。如图 2-13 所示，在单流写入模式下，不同应用流的数据会被写入相同的超级块中。固态硬盘内部的垃圾回收会以超级块为单位进行。由于不同应用的数据生命周期不同，所以在同一个超级块中的不同应用流会导致垃圾回收的效率降低、写放大增大。多流写入（Multi-stream）将不同应用的数据流写入不同的超级块中，不同生命周期的数据在数据放置的过程中进行了分离，从而提升垃圾回收的效率，降低写放大，进而提升 NVMe 设备的整体性能。

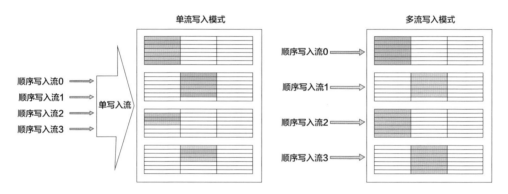

图 2-13　单流写入模式与多流写入模式的区别

（3）ZNS 技术

ZNS 技术已经在 NVMe 2.0 技术规范中发布，主要用来解决标准 NVMe SSD 在数据中心存储应用过程中所面临的 I/O 性能不稳定、存储容量小等问题。图 2-14 为标准 NVMe SSD 与 ZNS SSD 之间的区别。标准的 NVMe SSD 在设备内部实现完整的 FTL（Flash Translation Layer），数据的布局与映射由固态硬盘内部的固件（Firmware）来实现，对外提供标准的块设备接口。采用 ZNS 技术之后，数据布局与映射由存储软件栈来实现，固态硬盘提供 Zone 对象接口，以实现数据布局和垃圾回收等机制，从而达到存储软件栈与 FTL 融合的设计目的，进一步降低 I/O 栈复杂度，降低写放大系数，提升性能，优化存储使用空间。

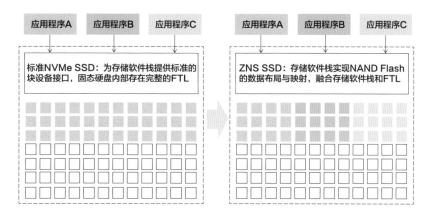

图 2-14　标准 NVMe SSD 与 ZNS SSD 的区别

4. NVMe 软硬件交互机制

引入 NVMe 标准之后，存储软件栈的底层受到了巨大冲击，原有的 SCSI 协议被完全颠覆，HBA 驱动也不复存在，块设备层通过 NVMe 驱动直接与 SSD 进行交互。软件栈的压缩降低了 I/O 延时，提升了系统性能，如图 2-15 所示。

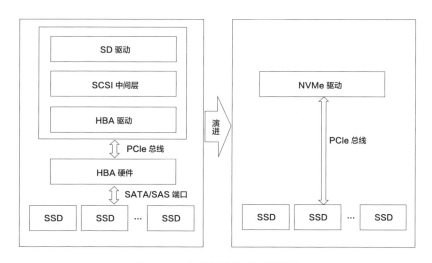

图 2-15　存储软件栈底层的演进

图 2-15 所示的交互机制是通过硬件队列来实现的。下面重点对 NVMe 软硬件之间的交互机制进行阐述。

图 2-16 是主机 CPU 与固态硬盘之间的数据交互原理。主机 CPU 通过 PCIe 总线与固态硬盘进行互连。在固态硬盘内部存在多个硬件队列，每对硬件队列由一个提交

队列（Submission Queue，SQ）和一个完成队列（Completion Queue，CQ）组成。通常，在固态硬盘硬件内部，所有的硬件队列都会被一个名为队列管理（Queue Manager）的管理单元所管理。队列管理会通过硬件消息和固态硬盘内部嵌入式 CPU 内核进行互连。从图中可以看出，提交队列和完成队列是用来传输请求报文的，真正的用户数据并不经过提交队列和完成队列。数据通路通过 DMA 通道来完成，在主机内存和 DDR 之间通过 DMA 引擎进行数据搬移。通常来讲，该 DMA 引擎除了正常数据搬移操作，还会提供端至端数据校验、数据加解密等硬件加速操作。

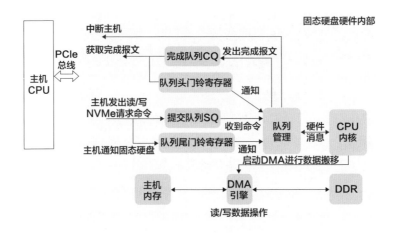

图 2-16　主机 CPU 与固态硬盘之间的数据交互原理

固态硬盘内部的 DDR 通过硬件消息队列与硬件进行信息交互，这种处理方式效率比较高。从算法的角度来讲，硬件消息队列和软件队列的逻辑是类似的。如图 2-17 所示，Node_A、Node_B 和 Node_C 构成了一个多生产者、单消费者的队列。消费者为 Node_C，Node_A 和 Node_B 为生产者。队列中的操作元素由三部分组成：第一部分为消息缓冲（Message Buffer）；第二部分为缓冲入口（Buffer Entry），用来指向具体的缓冲，也可以被称为句柄（Handle），消费者需要初始化分配具体的缓冲和句柄，这些都是由普通的内存来构成的；第三部分为队列，通过硬件的方式实现，消费者和生产者都有自己的队列，包括出栈队列（Outbound Queue）和入栈队列（Inbound Queue）。

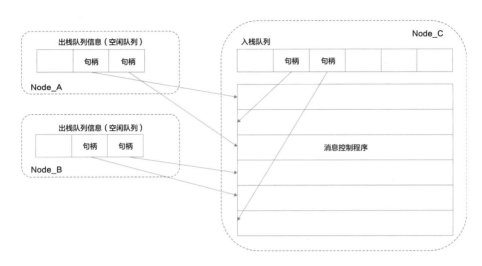

图 2-17 硬件消息队列实现原理

在初始化过程中，消费者 Node_C 会被分配缓冲和句柄，并且将句柄推送给 Node_A 和 Node_B，保存在生产者的空闲队列（Free Queue）中。当生产者需要向消费者发送消息时，生产者从自己的空闲队列中获取一个句柄，然后向句柄指向的缓冲中写入消息，最后将句柄推送到消费者的入栈队列中。消费者从入栈队列中得到句柄之后，通过句柄所指向的缓冲获取具体的消息。

固态硬盘内部的嵌入式处理软件可以通过上述硬件消息队列机制实现与硬件之间的通信。固态硬盘硬件消息队列中的事件也可以采用这种方式通知嵌入式处理器进行处理。下面以主机 CPU 发起的读请求为例，详细阐述 I/O 请求在软硬件接口层面的处理过程，如图 2-18 所示。

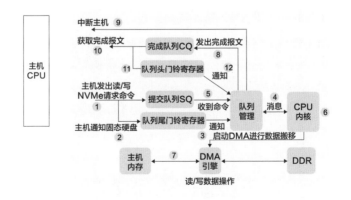

图 2-18 读请求的处理过程

当主机 CPU 发起读请求时，需要构造一个 NVMe 请求命令，并且将该命令写入提交队列。命令被推送到提交队列之后，主机软件需要更新队列尾门铃（Tail Door Bell）寄存器，将提交队列的更新之后的尾地址（Tail Address）写入该寄存器。寄存器更新操作将会向队列管理提交触发信号。

队列管理收到该事件之后，会通过消息队列向 CPU 内核发送含请求接收信息的提交队列。嵌入式 CPU 中会运行固件，该固件会处理消息队列中的消息，在得知提交队列中存在请求之后，会发起步骤 5，从提交队列中读取具体的 NVMe 请求。固件程序对 NVMe 请求进行解析处理，如果是读请求，那么经过 FTL 映射、I/O 调度之后，一路过关斩将，从后端 NAND Flash 中读取数据，并且保存在固态硬盘内部的 DDR 中。

数据从 NAND Flash 中被读取成功之后，固件程序会通过 DMA 引擎发起步骤 7 操作，将 DDR 中的数据 DMA 传送至主机内存。主机内存的具体地址通过 NVMe 命令解析得到。在数据通过 DMA 传输完毕，固件通过队列管理向完成队列发送请求完成报文，该报文通常被称为 CPL。完成报文被推送至完成队列之后，队列管理通过中断控制器向主机 CPU 发送中断请求。

主机 CPU 通过中断或者轮询的方式从完成队列中获取完成报文。该报文中会描述请求完成的具体状况，例如 I/O 出错等信息。完成报文被主机驱动软件接收之后，驱动程序需要向完成队列的队列头门铃（Head Door Bell）寄存器更新完成队列的头地址，表明应答接收完成。队列头门铃寄存器的更新行为会传递给队列管理，并且告知固态硬盘固件。

至此，驱动程序发起的一个固态硬盘 I/O 读请求过程完成，该过程进行了一次完美的软硬件协同操作过程。消息通路通过硬件队列完成，其中包括主机 CPU 与硬件之间的提交队列与完成队列，嵌入式 CPU 内核与硬件之间的消息队列。通过 DMA 完成在主机内存与 DDR 之间进行的数据高速搬移。

I/O 写操作与读操作非常类似，只是在 DMA 数据传输发起的时间点有所不同。写操作是在 NVMe 命令解析完毕之后启动 DMA 数据传输的。为了保证异常掉电情况下的数据完整性，写数据所在的内存需要做到非易失，通常利用超级电容或者普通铝电容进行数据保护。

2.1.3　NVMeoF

前面提到 NVMe 固态硬盘采用的是 PCIe 总线，只能在一台服务器内部运行，致使固态硬盘的高性能没有办法被多个服务器共享，也无法被单个业务完全耗尽。于是行业内开始考虑将 NVMe 协议运行在诸如 RDMA Fabric 的局域网之上，通过这种方式将高性能 NVMe 固态硬盘从机器内部延伸至机器外部，实现固态硬盘的远程访问和共享。这种高性能的设备导出协议，即 NVMeoF 技术标准，与传统的 iSCSI、FC 等协议有着相似的能力，可以远程导出存储资源，将 NVMe 的物理接口从 PCIe 扩展至了 RDMA 等高速互连总线。

从技术的角度来看，NVMeoF 改变了 Fabric 类型，其架构模型如图 2-19 所示。传统的 NVMe 基于 PCIe 局部总线，而 NVMeoF 具有可以利用 RDMA 等高性能网络的能力。不过，本地设备和网络设备存在很大的差别，因此，NVMeoF 沿用了 iSCSI 技术体系中的内容，提供存储服务的服务器端为目标器（Target），枚举远程设备的服务器端是 Initiator 客户端。所有的这些概念和导出协议都是相同的，因此 NVMeoF 被推出之后，受到最大冲击的就是 iSCSI 和 FC 这类的技术体系。

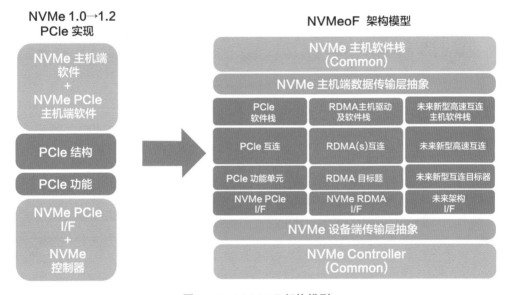

图 2-19　NVMeoF 架构模型

面对高性能存储介质，iSCSI 和 FC 技术无法满足高速存储的需求，和 NVMeoF 最大的不同在于协议层的复杂度。iSCSI 是在 TCP/IP 不可靠传输的基础之上定义的存储协议，因此在并发传输、保序窗口机制上做得比较保守。虽然 iSCSI 也可以在 RDMA 上运行（iSCSI Extensions for RDMA，iSER），但一旦参数配置不好，iSER 将无法充分发挥高性能网络的性能。NVMe 比较轻量，天生多队列的机制可以让它很好地发挥 RDMA 高速传输网络的性能。iSCSI/iSER 和 NVMeoF 相比，物理网络层（包括网络协议栈）可以采用相同的技术，但是协议层的差距导致它们的整体性能不同。

1. RDMA 技术

随着存储介质性能的提升，存储介质本身不再是 I/O 性能瓶颈点，与此同时，网络成为严重的 I/O 性能瓶颈点。RDMA 技术是解决网络性能瓶颈的重要技术手段。

RDMA（Remote Direct Memory Access）意为远程直接数据存取，是为了实现两台服务器之间的内存高速互连，解决网络传输过程中服务器端数据处理的延时而产生的。RDMA 技术起源于 IB（InfiniBand）。

在企业级存储系统中，IB 技术通常在存储后端网络中使用，是存储系统内部的高速互连技术。IB 作为高速互连技术在 HPC 领域应用广泛，但是在数据中心应用较少，主要原因在于其与以太网交换机的不兼容及高昂的成本。为了将 RDMA 的高效数据传输能力扩展至以太网，RoCE 和 iWarp 技术诞生了。RoCE 通过 PFC 物理流控机制，保证以太网层面传输不丢包，在此基础上实现 RDMA 远程内存访问协议。在接收了缓冲之后，直接发送 PFC 流控报文给发送端，并且将其扩散到与该缓冲关联的所有路径。和 RoCE 不同，iWarp 是在普通的 TCP/IP 基础上发展起来的协议，在应用层通过 MPA 与 DDP 协议实现数据传输零拷贝等功能。图 2-20 所示为 RDMA 三种不同的硬件实现。

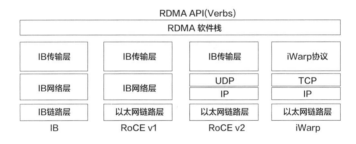

图 2-20　RDMA 三种不同的硬件实现

高速数据传输是分布式存储系统的一个关键能力。目前在数据中心应用比较多的是 RoCE 技术，但是该技术很难像 TCP 一样不受限制地部署集群。因此，研发人员对 RoCE 协议进行了改造，并去掉了无损网络的强假设条件，在有损网络的基础上构建 RDMA 数据传输技术，形成 Lossy RDMA。这些技术目前仍在演进与发展之中。

RDMA 的数据传输方式和普通 TCP/IP 有所不同，主要分成两大类：一类是双边操作，通过发送接口和接收接口完成通信双方的数据交互；另一类是单边操作，通过写和读实现单方面的批量数据传输。

如图 2-21 所示，在服务器 A 和服务器 B 进行数据传输前，服务器 A 准备发送缓存，并通过发送接口向发送队列发送一个 WQE。与此同时，服务器 B 也需要准备接收缓存，并向接收队列发送一个 WQE。在服务器 A 中的 HCA 将数据从本地发送到目的端，即服务器 B 之后，服务器 A 会接收一个 CQE，此时服务器 A 就会知道发送请求已经被传输到服务器 B。当服务器 B 接收请求数据之后，同样会接收一个 CQE，并且从接收队列指向的缓存中获取服务器 A 发送的数据。通过发送 / 接收的双边传输方式可以进行小批量数据报文传输。例如将 NVMe 请求报文通过发送 / 接收的方式进行远程传输，这些请求命令中通常包含真正数据区域的远程地址信息，服务器 B 接收了这样的请求报文之后，就会发起一个 RDMA 读单边操作，将位于服务器 A 上的数据传输到本地内存，完成一次从服务器 A 到服务器 B 的 I/O 写过程。因此，读 / 写单边操作可以用来完成大批量数据的传输。

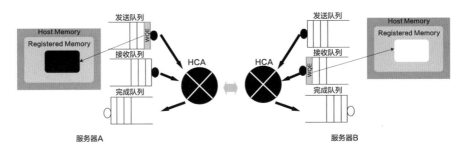

图 2-21 RDMA 双边数据传输操作

RDMA 数据传输既可以在内核中完成，也可以完全在用户态下实现。在用户态下实现 RDMA，可以完全绕过内核，避免上下文切换、内存拷贝带来的一系列问题，从而提高处理器效率，提升存储软件栈的性能。图 2-22 为基于 RDMA 访问固态硬盘的一次完整写请求处理过程。

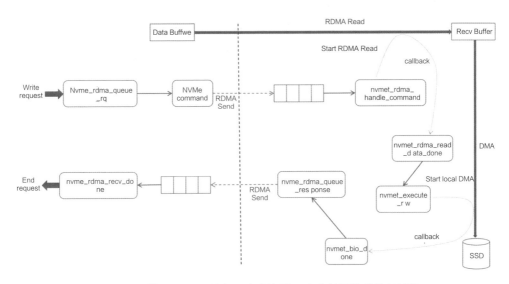

图 2-22 基于 RDMA 访问固态硬盘的一次完整写请求处理过程

2. NVMeoF 技术的发展与演进

一个新事物的发展，需要技术生态的支持与推动。NVMeoF 技术自 2016 年诞生以来，受到了软硬件层面的大力支持与推动。尤其是传统存储厂商，通过 NVMeoF 技术和协议的优化进一步缩短了 I/O 路径，促进了对大数据的应用，加快了传统存储阵列向高性能全闪存阵列的技术演进进程。

Linux 开源软件中已经包含了 NVMeoF 软件，通过开源软件可以很容易地搭建一套拥有 NVMeoF Target 和 Initiator 的存储系统。开源用户态软件开发平台 SPDK 也可以支持 NVMeoF。在 Fabric 方面，RDMA 是主流 Fabric。也有厂商在原有 PCIe 的基础之上，将 PCIe 扩展成 PCIe Fabric，构建 PCIe 高速互连网络。

为了提升性能，通过软件的方式实现 NVMeoF 不是最佳选择。由于协议栈本身比较简单，可以通过硬件的方式实现 NVMeoF。最初的方案是在 Xilinx FPGA 平台之上实现 NVMeoF 的协议解析和处理，和软件方案相比有更好的性能优势。随着 NVMeoF 用户群的扩大，NVMeoF 的 ASIC 方案得到了发展。到目前为止，Mellanox、Broadcom、Kazan 等公司都推出了基于 RDMA 网络的 NVMeoF 控制器。这些控制器的能力是不同的，但是它们都可以通过硬件的方式完全卸载 NVMeoF 协议栈。

在控制器的基础之上，可以构建如图 2-23 所示的 JBoF（Just a Bunch of Flash）硬件设备。很多 JBoF 设备外观和普通服务器相同，但是内部没有计算能力，只是将固态硬盘名字空间的能力通过协议导出至计算服务器端。

图 2-23　标准的 JBoF 产品

JBoF 的技术架构多种多样。在 NVMeoF 没有被全面推广之前，很多厂商通过 PCIe 扩展的方式构建 JBoF。具体架构如图 2-24 所示，在 JBoF 内部通过 PCIe 交换机的方式管理所有 NVMe SSD，对外呈现 PCIe 接口的方式。这种架构最大的问题在于多个 JBoF 之间的互连规模有限。

为了解决 PCIe 面临的扩展性问题，JBoF 采用 RDMA 作为互连总线对外实现互连。标准的 NVMeoF 控制器可以作为 JBoF 内部的控制器。如图 2-25 所示，在 JBoF 内部，为了防止控制器单点故障导致固态硬盘不可访问，通常采用双端口的方式和控制器进行互连。

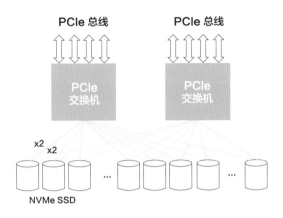

图 2-24　基于 PCle 构建的 JBoF 架构

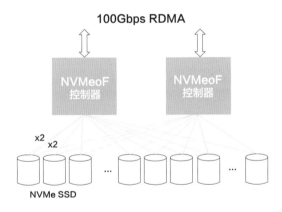

图 2-25　基于 RDMA 网络构建的 JBoF 架构

采用上述方案之后，将面临因一块盘只能通过两个 PCIe 通道进行访问而性能下降一半的境况。为了解决这个问题，有厂商提出将 NVMeoF 控制器直接集成到 SSD 内部，构成 IP SSD，外部服务器通过以太网交换机和 IP SSD 进行互连。这种架构的优势是可扩展性更强，如图 2-26 所示。

如今，NVMeoF 的软硬件生态逐步完善，在芯片、系统、软件方面的相关支持都得到了很大幅度的提升。

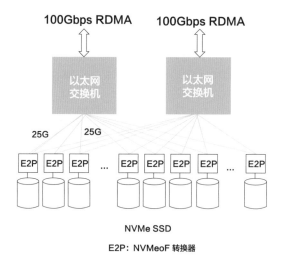

图 2-26　基于 IP SSD 构建的 JBoF 架构

3. 构建 NVMeoF 存储系统

基于 NVMeoF 的 JBoF 可以直接替代传统的 JBoD，在传统存储领域进行应用。在一定规模的存储系统中，NVMeoF 可以用作分离式后端存储。通过 NVMeoF 的方式，将原来位于计算服务器内部的 NVMe SSD 从服务器中独立出来，集中形成 JBoF 存储资源池，再通过 NVMeoF 的方式导出供计算服务器共享。

这种架构的问题在于资源管理的颗粒度比较粗，只能按照 NVMe SSD 中的名字空间选择资源粒度，将名字空间分配给前端业务进行使用。位于计算端的存储引擎聚合管理导入的名字空间资源，为计算资源提供存储资源。

一些创业公司的产品基于这种设计思想，将整个架构分成计算端和存储端两部分。存储端可以是一个 JBoF，为计算端分配名字空间资源。计算端有一个存储代理（Storage Agent），该存储代理用于管理分配得到的名字空间资源，并且可以在这些名字空间资源之间进行数据冗余。计算端和 JBoF 之间通过 RDMA 高速网络进行互连，如图 2-27 所示。

这种架构既简单，又能获得很好的存储性能，但不能高效地解决数据一致性问题。

NVMe SSD 的存储容量日益增长，如果将多块固态硬盘放置到服务器内部，一旦服务器发生故障，那么 PB 级以上的数据就将变得不可访问。一个很好的解决方法就是将固态硬盘从服务器中拿出来，通过 JBoF 的方式供服务器共享，这样可以做到固态硬盘与服务器之间的彻底解耦，如图 2-28 所示。

图 2-28 所示架构的一个问题是，在存储控制器和固态硬盘之间增加了一跳网络，

从而增加了 I/O 延时和网络流量压力。

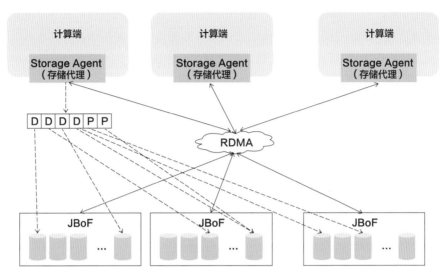

图 2-27 JBoF 存储资源池

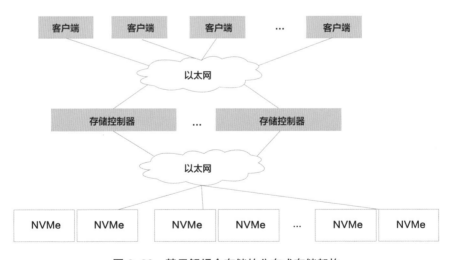

图 2-28 基于解耦合存储的分布式存储架构

2.1.4 RESTful API

RESTful API 可谓是为了对象存储而生的。正是因为 RESTful API 的出现，才让对象存储实现了人们可以在任何地点、任何时间访问数据的愿望。接下来，我们会介绍 RESTful API 的源起、REST 架构的风格和成熟度模型。

1. RESTful API 的源起

不管是常见的前后端分离架构，还是微服务架构，都有一个共同的愿景，那就是不同团队能各自独立地开发和部署。这背后需要依靠一套更加轻量、可靠、能跨平台的应用程序编程接口（Application Programming Interface，API）。因此，RESTful API 脱颖而出。解构一下这个词：RESTful = REST + ful，REST（Representational State Transfer）即为表述性状态传递，后缀"ful"用于形容 REST，RESTful API 可以理解为遵循这种风格而设计的 API。

REST 架构风格由 Roy Fielding 博士于 2000 年提出。Roy Fielding 博士是 HTTP 协议的主要编写者之一，从 1993 年开始参与 Web 的标准化过程，主要包括 HTTP 和 URI 两个互联网规范协议的起草，同时他也是 libwww-perl 库、Apsara HTTP（httpd）等项目的主要作者。

20 世纪 90 年代，Web 的架构由一组非正式的超文本注释、两篇早期的介绍性论文、表示 Web 提议功能的超文本规范草案（其中一些已经实现），以及一些邮件组组成。与图片浏览器出现后蓬勃发展的 Web 实现相比，这些规范是明显过时的。与此相对应的，互联网规范和应用也缺乏有效的架构设计原则来指导。

因此，Roy Fielding 博士提出了 REST 架构风格，并从 1994 年开始将其应用到 Web 规范制定及软件开发中，最终在 2000 年发表的论文 *Architectural Styles and the Design of Network-based Software Architectures* 中正式提出了 REST 架构。21 世纪初，Web 技术的高速发展也验证了 REST 指导思想的有效性和合理性。

2. REST 架构风格介绍

REST 架构是从已有的多个架构风格中择优选取了一些设计原则和约束条件，再加入一些新的、独有的原则和约束，形成的一种混合的、新的编程风格。其选择的主要设计原则和约束条件，以及这样选择带来的架构优点如下所述。

（1）客户端 - 服务器

这个设计原则的核心点是关注"分离"。通过分离用户接口和服务实现，提升了用户接口跨平台的可移植性，同时简化服务器负担，使其具有更好的扩展性。最重要的是，这种分离使得构成 Web 服务的各个组件可以独立演进，这对巨大规模的互联网服务是非常关键的。

（2）无状态

这个设计原则要求客户端和服务器之间的通信必须是无状态（Stateless）的，这就要求客户端发送给服务器的每个请求必须包含理解该请求需要的所有信息，而不能利用任何存储在服务器中的上下文信息。这个约束可以使得架构具有非常好的可见性、可靠性和可扩展性。Roy Fielding 将可见性定义为"一个组件能够对其他两个组件之间的交互进行监视或仲裁的能力"。当协议可见时，缓存、代理、防火墙等组件就可以监视或者参与组件之间的交互。我们很容易推导出，一个满足无状态约束的架构风格会具有良好的可见性。无状态约束使得故障恢复变得简单，从而提升了服务的可靠性。可扩展性提升的原因则是服务端不需要跨请求保存信息，可以更快速地释放资源。

（3）缓冲

如果响应是可缓冲的，那么客户端被允许在后续的对等请求中直接使用缓冲的结果。这使得 Web 服务可以在不影响正确性的前提下大幅提升交互效率。

（4）统一接口

这是对软件工程通用性原则的一个应用。统一接口可以让整个系统的架构大幅简化，并且提高了交互的可见性，但可能会让某些场景下交互的效率有所降低。对互联网场景超媒体数据传输的典型场景来说，这个代价还是可以接受的。为了实现统一接口，需要增加多个架构约束来指导组件的行为，REST 定义了四个接口约束: 识别资源、通过表示操纵资源、自描述信息、以超媒体作为应用状态。

（5）分层系统

分层系统是让 REST 架构可以适应 Web 服务海量规模的要求。满足这个设计原则的架构可以由多个分层的组件构成，其中每个组件只能"看到"和它直接交互的中间组件，从而有效降低整个系统的复杂性，提升组件之间的独立性。

（6）按需代码

REST 允许客户端功能通过下载和执行代码片段或者脚本进行动态扩展，也允许在系统部署后增加特性，但降低了可见性。因此这是 REST 的唯一一个可选项。

3. RESTful 成熟度模型

Leonard Richardson 曾提出过一个 RESTful 成熟度模型（如图 2-29 所示），模型中从 Level 0 到 Level 3，数字越高表示采用的 RESTful 的成熟度越高。但是，成熟度模型并非工业标准，这里仅借用来讲解 RESTful 思想。

图 2-29　RESTful 成熟度模型

（1）Level 0：仅作为通道

这个阶段还称不上使用了 RESTful，HTTP 仅是作为 RPC 的传输通道，被用于在请求调用远程方法时，传递输入对象给服务端，并在方法执行结束后，传递结果对象给客户端。

特征：

- URI：往往是方法名，例如"/queryRoom"；
- HTTP 动词：所有 HTTP 请求都使用 POST 方法；
- BODY：输入对象和结果对象。

（2）Level 1：引入资源概念

客户端每一次请求都是对服务端某个或某一类资源的操作。服务端一切可被标识的事物都可以被称为资源，例如，一张图片、一个订单、一个产品、一个流程、最活跃的十个用户等。每个资源都可以用统一资源标识符来表示，即 URI。所以从现在开始，URI 不再表明方法名，而被用来表示一个资源。

特征：

- URI：表示一个资源，例如"/hotel/rooms/1002"；
- HTTP 动词：所有 HTTP 请求都使用 POST 方法；
- BODY：输入对象和结果对象。

（3）Level 2：使用标准 HTTP 动词

HTTP 动词也就是常说的 GET 或 POST，此外还有 PUT、DELETE、HEAD、OPTIONS 等。这里的每个动词都有它自身的语义。每次对资源的操作请求都使用不同的动词。

资源不是数据，而是数据和表现形式的组合，使用 GET 方法可以检索一个表述（Representation），也就是对资源的描述。GET 是幂等的，对资源不做任何修改，因此适合增加缓存机制，可以大幅提高检索效率。大多数公司对 RESTful 的使用达到 Level 2 就已经基本够用了。真正达到 Level 3 程度的公司并不多。

（4）Level 3：自描述

这一阶段的 RESTful API 具备了自描述的能力，即能告诉用户当前状态，以及下一步可能的各种操作。

2.1.5　网络文件系统

网络文件系统（Network File System，NFS）是在 1984 年发布的分布式文件系统协议，旨在允许客户端主机像访问本地存储一样通过网络访问服务器文件，其基本框架如图 2-30 所示。NFS 是一个基于开放网络远程调用协议之上的、开放的、标准的 RFC（Request For Comments）协议，任何人或组织都可以依据标准实现它。NFS 是在 UNIX 及类 UNIX 系统中最常用的网络文件访问协议。

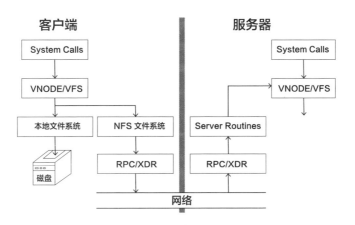

图 2-30　NFS 基本框架

至今，NFS 共发布了三个版本：NFSv2、NFSv3 和 NFSv4。其中 NFSv4 又包含了 NFSv4.0、NFSv4.1 和 NFSv4.2 三个次版本。经过 30 多年的发展，NFS 发生了很大变化，经历了从无状态到有状态的设计，RFC 文档也从最初的 20 多页增加到现在的几百页。

1. NFSv2

NFSv2 作为最初的发布版本在目前的生产中几乎不再被使用，但其设计思想和理念在后续的版本中得到了很好的继承和发展，因此，理解 NFSv2 是理解后续 NFS 版本的重要基础。

最初 NFS 是为了解决在异构网络环境中资源共享的问题，用户程序不经任何修改就可以访问远端的文件。在当时，往往是单个 NFS 服务器为多个 NFS 客户端提供文件共享服务，一旦服务器发生不可访问，所有客户端都会受到影响。所以，NFSv2 的基本设计理念是实现简单且快速的恢复，服务器和客户端都不依赖于机型和操作系统，能够方便地在 PC(Personal Computer)等廉价设备上实现，并且可以提供较好的 I/O 性能。

同时，NFSv2 采取了和其他共享访问协议不同的高度开放的态度，只规定了请求和响应的详细格式，并没有规定必需的实现方式，各厂商可针对自身情况灵活实现。因此，NFS 能够得到快速推广，并在过去的 30 多年中始终保持着强大的生命力。

NFSv2 的关键设计包括：

（1）无状态模型

NFSv2 采用无状态模型简化系统设计并达到快速恢复的目的，服务端不维护任何客户端相关的信息，例如服务端不知道客户端是否打开文件、是否存在数据缓存等。当客户端访问后端时，会在请求中携带服务端完成本次操作所需的全部信息，服务端依据这些信息即可处理用户请求，在服务端故障（Failover）时客户端只需不断重试即可。

无状态是个很好的设计理念，但这和有状态的类 UNIX 文件访问接口是冲突的。因此，NFSv2 提出了文件句柄（File Handle，FH）的概念，表示客户端要访问的某个目录或文件，客户端将文件句柄关联到文件描述符（File Descriptor，FD）上，将系统调用转换为 NFSv2 协议访问。此外，NFSv2 并没有规定文件句柄的组成形式。

另外，客户端可以将共享目录作为挂载点使用，但服务端在处理查找操作时无法判定目录是否被作为挂载点使用。NFSv2 则直接不提供全路径解析，客户端需自己逐级解析目录并判断该级目录是否为挂载点，这就决定了 NFS 协议中需要 LOOKUP 操作，也决定了 NFS 协议采取了和 SMB 协议完全不同的路径解析策略，最终导致二者采取了完全不同的状态管理模型。

（2）文件系统模型

NFS 假定文件系统是一个树形结构，目录构成了树形结构的框架，文件则全部位于树形结构的叶子节点，树形结构的根节点则表示文件系统的根目录。在目录中的每个目录项（子文件或子目录）都有一个名字，NFS 不提供全路径的文件查找，客户端在打开文件时只能一层一层地向下查找目录项。此外，虽然目录和文件在访问方式上极为类似，但出于性能上的考虑，NFS 对目录和文件分别采用不同的接口进行访问。

（3）客户端缓存

在访问共享的目录或文件时，如果每次 I/O 都通过 RPC 从后端获取，就会有非常不好的体验，所以包括元数据（Meta）和数据（Data）在内的客户端缓存（Cache）就显得十分必要。虽然 NFSv2 并没有把缓存作为规范的一部分，但在发布的 NFSv2 实现中仍旧包含了缓存相关的内容，并尝试使用如下方法解决缓存一致性的问题。

● 更新可见性

更新可见性（Update Visibility）即客户端的更新何时对其他客户端可见，主要解决 Buffer I/O 带来的问题。客户端写入文件中的数据会先写入本机的页缓存（Page Cache），然后页缓存会在后台异步地写回（Write Back），从而提升写性能，但同时也会给用户带来一些比较奇怪的体验。例如，用户在 A 机器上打开文件并以 Buffer I/O 的方式写入数据，关闭文件后，切换到 B 机器上，此时用户可能看不到刚刚写入的数据，很显然这不符合用户期望。开发人员为此设计了 Close-To-Open 一致性协议。用户关闭文件时，先把本机缓存的相关数据都写回到后端，再执行 Close 操作，这样就解决了上面的问题。

● 过期缓存（Stale Cache）

客户端缓存主要由目录项（Dentry）、文件系统对象（Inode）和数据组成，通过缓存目录项和文件系统对象可提高元数据性能，而缓存数据则可以提高 I/O 能力。在 NFSv2 协议中判断缓存是否过期只能先通过 GETATTR 操作从后端获取最新属性，然后通过比较 CTIME/MTIME 等来判断。这是有效的手段，但也带来了大量的 GETATTR 操作，消耗了服务端的处理能力，所以客户端对元数据缓存采取过期机制，以减少 GETATTR 操作数量。这样的做法在实践中取得了不错的效果，也被后续的实现所继承。

虽然后续版本的缓存设计发生了很大的变化，但本质上仍是对 NFSv2 缓存模型的不断优化和扩充，要解决的仍旧是上面的两个基本问题。从某种意义上说，NFSv2 确立了缓存的模型和基本问题。

（4）安全性

分布式系统安全性极其重要。遗憾的是，NFSv2 在严格意义上并没有规定用户认证和权限检查机制，数据在网络上采用明文传送，所以安全性很差。NFSv2 最初版本采用了 UNIX 访问权限控制方式，这在生产中遇到了很多的问题，甚至持续到现在。下面列举几个典型的问题。

● UID/GID 不一致

在类 UNIX 系统中采用 UID（User Identifier）/GID（Group Identifier）管理用户访问权限，这就要求同一个用户在客户端和服务端上具有相同的 UID/GID，否则权限控制就会失效。考虑到客户端又可以作为文件服务器对外提供服务，进而就潜在地要求整个网络拓扑上的 UID/GID 管理必须是一致的。很显然，在较大规模的网络环境中，这很难做到。

● 根用户权限

由于 NFSv2 没有提供身份认证机制，所以恶意伪装者通过简单的伪装就能够获得指定用户的权限，例如在 RPC 的 AUTH 中配置 UID 为 0 即可伪装成根用户（Root）。在类 UNIX 环境中根用户的权限是不受限制的，如何处理根用户权限则成为 NFS 服务器的难题。很显然，支持 Root 语义在 NFSv2 环境中存在巨大的安全隐患，恶意伪装者可以轻松地把整个文件系统删除，因此 NFSv2 在实现上增加了 Squash Root 的选项，将 Root 映射为 Nobody，是否开放 Root 权限交给用户决定。这不是一个很好的做法，并没有解决全部问题。

● I/O 权限检查不完备

由于 NFSv2 采用无状态的设计，服务端并没有维护客户端打开文件的信息，所以 I/O 权限检查会变得比较复杂，甚至要放宽检查条件。例如，可执行文件会将读写权限全部禁用，只保留可执行权限。当用户执行该程序时，操作系统会从文件中加载程序运行所需的代码和数据。若此时服务端按文件权限检查 I/O 就会导致程序无法运行，很显然这不是用户期望的行为。又例如，在类 UNIX 系统中更改文件权限并不会影响已打开该文件进程对该文件的访问权限，若此时也按照文件权限检查 I/O，那么用户会发现文件突然无法访问了。

NFSv2 虽然在设计上存在一些问题，但还是奠定了 NFS 协议发展的基础和方向，后续版本都继承并发展了 NFSv2 的核心设计思想和理念。

2. NFSv3

在 NFSv2 被发布后，很多厂商都在自有系统上实现了 NFS 协议，花费了很多的精力解决使用过程中遇到的问题，例如支持更大的文件、适配新硬件和优化性能等。为解决 NFS 使用过程中遇到的共性问题，各厂商开发人员组织会议决定展开对 NFSv3 的设计和研发工作，计划用一年的时间搁置争议，吸取现有工作成果，解决最紧要的共性问题。NFSv3 完全继承了 NFSv2 的设计思想，以 NFSv2 为蓝本做了许多完善和改进，本质上是 NFSv2 的修正加强版。NFSv3 的设计改进如下所述。

（1）功能的完善和改进

NFSv3 做了很多对 NFSv2 的完善和改进，极大提升了 NFS 功能的完整性。比如：为满足新硬件和各系统需求，NFSv3 扩展了很多数据结构类型，例如 64bits 的文件偏移和文件句柄；为支持 Exclusive Create 语义，很多系统使用元数据中的时间字段来存储 CREATE 参数中的 VERIFIER 字段，导致 STAT 文件有非预期时间属性，这显然是不符合用户预期的。在异构环境中无法要求所有服务器都解决这个问题，故 NFSv3 扩展了 SETATTR 操作设置时间属性的方式，增加了 SET_TO_SERVER_TIME 选项。服务端在处理 SETATTR 操作时直接使用本地当前时间设置文件的时间属性，这样客户端在 Exclusive Create 成功返回后立刻通过 SETATTR 操作设置文件的时间属性，解决了大多数情况下 STAT 文件返回非预期时间属性的问题。

在网络共享环境中往往存在时间误差（Time Skew）问题。若不能够正确地处理这一问题，可能会给应用带来致命的影响。NFSv3 在 FSINFO 中增加了 TIME_DELTA 选项，表示服务端支持的时间精度，客户端可据此尝试解决时间误差问题。

使用 NFSv2 的过程中遇到了较多的非预期的访问权限问题。例如在类 UNIX 系统中发生了文件可正常打开但无法读写的问题，这是因为类 UNIX 系统只在打开文件时检查用户的访问权限，然而 NFSv2 是无状态的协议，无法感知客户端已经打开文件，所以客户端虽然可以打开文件，但后续 I/O 发送到服务端后会因为权限不够而被拒绝。针对此类问题，NFSv3 新增了 ACCESS 操作，客户端在打开文件时首先调用 ACCESS 操作去后端检查是否允许打开。此外，ACCESS 操作有利于更好地实现系统调用和访问控制列表（Access Control Lists，ACL）。

（2）性能优化

NFSv3 在性能方面做了很多的工作，提升了元数据和 I/O 的处理能力，包括以下几个方面。

在网络传输方面，NFSv3 放开了最大 8KB I/O 大小的限制。客户端可通过 FSINFO 操作获得服务端支持的 I/O 的最大值和最优大小。客户端后续尽量使用服务端期望的最优 I/O 大小访问数据，从而获得更优的性能。

NFSv3 增加支持异步写来解决同步写性能不够的问题。客户端写入数据时可指定服务端，不必等数据落盘就可成功返回客户端。客户端在需要的时候会通过 COMMIT 操作来确认数据是否已成功落盘。

NFSv3 设计了 Post Op Attr 机制。服务端在处理完客户端请求后，会将该操作关联的文件或目录的最新属性和请求结果一起返回给客户端，客户端可使用返回的属性来更新本地缓存，减少 LOOKUP/GETATTR 操作的次数。例如，CREATE 操作会返回父目录和新创建文件的属性，READ/WRITE 操作会返回访问文件的属性信息。

NFSv3 新增了 READDIRPLUS 操作，将文件名和属性一起返回，减少了客户端访问后端的 RPC 次数。

（3）一致性解决方案

一致性是文件系统要解决的核心问题之一，尽管 NFSv3 没有提出完备的一致性解决方案，但在设计上采取了很多措施尝试解决这一问题。

对于 SETATTR 野请求问题，客户端会在 SETATTR 参数中设置执行该操作时期望的 CTIME 值，服务端通过比较 CTIME 值来判断是否为野请求，若匹配则执行之，反之则拒绝。注意该方法并没有提供一次处理（Exactly Once）语义，只是在大多数情况下可规避野请求。

客户端遍历较大目录时往往会发起多次 READDIR 操作，若此时该目录下发生了 RENAME 操作，那么遍历目录时就可能会读取不到或重复返回某些目录项，尤其是读取不到目录项是不符合文件系统语义的，故 NFSv3 在 READDIR 操作参数中增加 VERIFIER，让服务端用来判断是否允许继续遍历该目录。最直接的方法是采用目录元数据的 MTIME 属性作为 VERIFIER，也就是说，在目录内容发生变化后就终止客户端本次的遍历过程。该方法虽然简单，但检查过于严格，比如 CREATE 或 SETATTR 都可以修改 MTIME，这些情况是没有必要终止客户端遍历目录的。在网络直连存储服务当前的实现中，只有在发生 RENAME 的情况下才终止 READDIR 操作。

NFSv3 设计了异步写，这在提高写入性能的同时也带来了一致性问题。由于 NFSv3 采用了无状态的设计，服务端没有维护客户端相关信息，所以当服务端发生故障后，客户端的 COMMIT 操作可能就无法确定之前的异步写的数据是否已经落盘，为此 NFSv3 在 WRITE 和 COMMIT 操作的返回值中带有一个 VERIFIER 信息，客户端可据此判断服务端是否发生过故障，进一步地决定是否要重写数据。一般使用服务端节点 ID 和服务启动时间即可。需要指出的是，在云环境中这不是一个好的特性，因为在云环境中客户端是不可信的，服务端容易受到恶意的攻击，故在网络直连存储服务的实现中所有的写入都是同步写入。

文件系统的更改操作往往是非幂等的，NFSv2/NFSv3 的无状态设计要求客户端在故障后不断重试即可，这样会导致更改操作可能会被服务端执行多次，就有可能破坏数据的安全性，例如，重复执行 TRUNCATE 操作可能会导致新写入的数据被丢弃。虽然 NFSv3 在协议上没有规定非幂等操作的处理方式，但几乎所有的实现都提供了重复请求缓存（Duplicate Request Cache，DRC）机制，服务端在内存中保存最近执行的非幂等操作的执行结果，在处理请求时会先检查缓存中是否已存在执行结果，如果存在则为重试请求，直接返回缓存中的结果即可。注意这个方法并没有完全解决非幂等操作多次执行的问题，例如受限于缓存大小、访问压力等，只保证在大多数时间内避免非幂等操作多次执行。

（4）缓存能力加强

NFSv3 继承了 NFSv2 在缓存方面的设计思想，保证了 Open-To-Close 缓存一致性。尽管协议中没有设计出完整的缓存机制，但对解决现有缓存实现中存在的问题提供了一些帮助，例如前面提到的 Post Op Attr 机制。

NFSv2 客户端一般通过比较 MTIME 来判断本地缓存的数据是否过期，这是一个简单有效的方法，但由于无法判断文件是否被其他客户端修改了，故此时客户端只能把该文件所有缓存的数据都清空掉。这样的处理对于只有单个客户端修改的场景显然是不够友好的，在此场景中文件中未更的数据缓存仍旧是有效的，是没有必要丢弃的。针对这类场景 NFSv3 设计了弱缓存一致性（Weak Cache Consistency，WCC）机制，对于所有的更改操作，服务端会将相关文件或目录在执行前和执行后的属性都返回给客户端，客户端通过比较执行前的属性是否和本地缓存一致即可判断后端是否存在并发修改，从而更加高效地维护缓存。注意，该方法要求获取执行前属性和执行更改操作是个原子操作，这对于大多数系统都很容易实现。

在网络共享环境中，很多文件系统往往是只读或很少修改的，如果客户端知道这些信息，就可以采取更好的缓存策略，例如，针对只读的文件系统完全没有必要考虑数据缓存过期的问题。又例如，针对备份系统只需按照服务端更新周期来配置缓存过期策略即可。因此，NFSv3 在 FSSTAT 返回参数中增加了 INVARSEC，该参数表示文件系统未来不会发生修改的时间长短，显然客户端在这段时间内没有必要考虑缓存过期问题。该特性尤其是对于 CD-ROM 之类的文件系统有好处。

（5）文件锁

并发访问控制是文件系统支持的基本特性。当客户端在打开文件、访问文件数据或遍历目录时，客户端会检查访问模式是否被允许，若不允许则拒绝之。传统的 UNIX 模式和访问控制列表提供了面向用户的访问控制模型，据此文件系统能够精细地控制用户的访问权限。这是一种粗粒度的访问控制机制，在实践中是远远不够的，因为很多应用往往都需要更细粒度的面向请求的访问控制机制，例如，很多数据库应用希望可以互斥地访问某些文件，此时就需要文件锁（Record Lock）等共享资源控制机制保证互斥的访问。

通过多协议协作配合实现网络共享是 NFSv3 的一个核心设计思想。NFSv3 无状态设计是无法支持文件锁的，所以文件锁由 NLM（Network Lock Manager）和 NSM

（Network Status Monitoring）与 NFSv3 配合实现。其中 NLM 实现了劝告锁（Advisory Lock）语义，支持阻塞异步通知；NSM 则实现了基于宽限时间（Grace Time）的故障模型，在服务端故障后，最初的宽限时间内不会接受新的锁请求，用于等待客户端重新获取锁（Reclaim Lock）。虽然 NLM 和 NSM 在后续 NFS 版本中不再被使用，但其设计的锁管理方式、阻塞异步通知和故障模型都被后续 NFS 版本借鉴和吸收。

3. NFSv4 协议

为了使 NFS 协议能够更好地发展，1998 年，NFS 控制权被移交给 IETF（Internet Engineering Task Force），后者于同年提出了 NFSv4 的设计草案。此后经过 2 年的讨论，于 2000 年正式推出 NFSv4 协议（RFC3010），又经过近 3 年的生产实践最终于 2003 年推出了 NFSv4 稳定版（RFC3530）。NFSv4 是自包含协议，不需要 NLM 和 MOUNT 等协议配合即可访问文件系统，并且基本沿袭了 NFSv3 的设计理念，吸取了一些共享协议的优点，重新设计了有状态的文件系统模型，提出了分布式环境中的实施方案，全面提升了 NFS 在跨平台、数据安全、可扩展性和兼容性方面的能力。具体改进包括：

（1）层次结构

NFSv4 采用了 NFSv3 文件系统的组织方式。文件系统是文件对象的集合，文件对象通过目录组织成树形结构，普通文件是无结构的字节流，目录名和文件名统一使用 UTF8 编码。NFSv4 是自包含的协议，服务器通过输出（Export）特性将文件系统的名字空间共享给客户端，客户端通过挂载（Mount）建立访问文件系统的通道。

（2）伪文件系统

使用 NFSv3 访问文件系统时，首先要通过挂载获取输出的根文件句柄，然后以该文件句柄为起点即可完成对文件系统的访问，这样的设计能满足基本需求，但不够灵活。例如，客户端构建的挂载视图是静态的，服务器重新配置输出后无法感知，需重新扫描挂载视图；NFSv3 不支持交叉挂载点（Cross Mount Point）访问，客户端要分别独立挂载各文件系统。

在 NFSv4 中，通过将所有输出组织成伪文件系统（Pseudo File System）来解决这些问题。具体表现为，服务器会设置一个全局的虚拟根文件系统，其他输出都通过挂载到该根文件系统导出。当客户端访问文件系统时先通过 PUT ROOT FH 操作获取文件系统的根文件句柄，然后以此为起点就可实现无缝地遍历所有的输出。

（3）状态管理

NFSv4 提供了丰富的锁（Lock）语义来满足应用的并发控制需求，服务器在处理每个请求前会检查是否存在冲突的锁状态，若存在就拒绝访问。NFSv4 Lock 除了包含常规的文件锁，还包括 DOS/Windows 的共享预留（Share Reservation）语义，以及委托（Delegation）。所以 NFSv4 是一种有状态（Stateful）的协议，这一点和 NFSv3 有很大的不同。

共享预留语义要求服务器记录所有已打开文件的共享和拒绝信息，以用于后续 OPEN 操作时的共享状态检查。此外该语义还要求服务器支持原子的创建并打开文件，所以，在 NFSv4 中，CREATE 操作用于创建非普通文件，而普通文件则通过 OPEN 操作实现。

协议层面原生支持了文件锁，不再需要 NLM 等协议的配合。文件锁是面向请求的访问控制机制，每个 I/O 请求中都需要携带客户端持有的锁信息，用于服务器的访问控制检查。具体表现为，客户端在 OPEN/LOCK 操作参数中包含建立锁状态需要的所有信息，服务器在检查发现不存在冲突后，返回给客户端一个唯一的 StateID 来标识新建立的锁状态，随后的 I/O 请求中只需携带该 StateID 用于锁检查即可，服务器负责维护 StateId 和锁的映射关系，当客户端不再需要这些锁时，通过 UNLock/CLOSE/RELEASE_LockOWNER 释放服务器维护的锁状态。

服务器管理授权（Delegation）的方式与打开 / 记录锁又有不同。授权是服务器主动授予客户端对文件的某些访问权限，在授权被撤销（Revoked）或归还前，服务器保证禁止其他客户端可能会造成冲突的访问，因此授权归属于所有使用该客户端访问的进程，这些进程访问文件系统的 I/O 都可以使用持有的授权 StateID 来进行检查。若某个进程访问某个文件时可能同时持有共享预留、打开 / 记录锁和授权，则 I/O 请求使用 StateID 的优先级为：授权大于打开 / 记录锁大于共享预留。

4. NFSv4.1 协议

2010 年，IETF 发布了 NFSv4.1 标准，该标准继承了 NFSv4.0 的设计，解决了 NFSv4.0 在实践中遇到的诸多问题，拓展了协议内容，具备了并行访问数据的能力，是 NFSv4.0 的加强修正版。目前 NFSv4.1 在特性支持、状态管理、可用性、性能和安全性等方面均有了很大提高，具备了支持商用系统的能力。

（1）基本设计

NFSv4.1 的主要目标是修正 NFSv4.0 的设计缺陷并提高协议的并发访问能力。为方便地达到设计目标，NFSv4.1 引入了会话（Session）的概念，通过会话可以方便地支持 EOS（Exactly Once Semantics）、中继（Trunking）等特性。客户端在访问文件前，首先会通过 EXCHANGE_ID 和 CREATE_SESSION 操作创建会话，然后几乎所有的协议操作都会在特定的会话上下文中执行。在设计上，每个会话会包含两个通道（Channel）：前端通道（Fore-channel）和后端通道（Back-channel）。在 NFSv4.1 协议中，通道表示 RPC 发送的方向。前端通道用于客户端向服务器发送 Compound，后端通道则用于服务器向客户端发送 CB_Compound，这样就自然地规避了 NFSv4.0 中由于防火墙设置导致服务器无法主动连接客户端的问题。每个通道可以绑定多条连接（Connection），连接可以是不同的类型，例如 TCP 或者 RDMA 等。

（2）中继

中继的本质是客户端通过多条连接并行地向服务器传输数据。NFSv4.1 支持两种类型的中继：

- 会话中继：会话的通道可以绑定多条连接，每条连接会建立在不同的网卡上（客户端和服务器均可有多块网卡），这样就可以在这些连接上并行发送数据。
- ClientID 中继：客户端可以创建多个会话，多个会话可以并行地传输数据，故 ClientID 中继只需会话位于相同的客户端和服务器之间即可。

（3）EOS

EOS 是 NFS 协议设计支持的一致性状态协议。在 NFSv4.0 实现过程中，客户端在发送请求时会携带序列号，服务端在处理完该请求后会缓存此请求的响应，这样服务端在处理请求时首先会尝试从缓存中查找该请求的回应是否已缓存，若已缓存则直接返回缓存的响应。这样的设计意味着每个状态请求必须有一个缓存响应空间，然而每个客户端的状态理论上是无限的，这将极大地浪费服务器的内存空间，所以 NFSv4.0 要求客户端限定只能有一个未收到响应的状态请求。这样的设计虽然避免了浪费内存空间，但极大限制了 NFS 的并发请求和可用性。

因此，NFSv4.1 通过在会话内共享序列号及缓存响应来解决 NFSv4.0 设计上的问题。当客户端建立会话时会设置缓存空间大小、请求和响应大小等参数，客户端的所有操作都基于特定会话，每个操作除携带序列号外，还会额外携带 Slot ID 缓存槽。服务器在发出响应之前，将响应基本信息或全部信息存于该 Slot ID 指定的缓存槽中，若客户端正确收到响应，则该缓存槽将可用于其他操作。所以客户端必须控制未收到响应的操作数不能超过缓存槽最大数量，记录每个缓存槽的序列号是否可用，即是否已收到响应等。服务器通过判断请求的序列号与当前槽的序列号即可判断请求是否有效。由于槽的大小可调整，并且客户端可控制槽的大小，所以，在理论上，客户端可同时发起很多状态请求。

（4）文件存留

文件存留（File Retention）是很多企业用户的基本需求。该特性要求在规定的时间内内存不允许对文件做任何的修改，包括文件内容、属性和文件名等，例如签署的法律文件、贷款合同和会计票据等。

（5）目录委托

目录委托（Diretory Delegation），即在访问冲突较少的场景中，委托允许某些操作在本地执行，有效地避免不必要的后端访问，从而提升访问性能。NFSv4.0 新增的文件委托（File Delegation）已经很好地证明了这点。故 NFSv4.1 新增了目录委托，即允许目录的某些访问操作在本地执行。

（6）异步通知

异步通知（Async Notification）是 NFSv4.1 新增的重要特性，用于及时地通知客户端所关心的锁发生了变化。

在 NFSv4.1 中，异步通知不是必需的特性，只是为了提升用户体验。因此，客户端在设计上也不应该完全依赖于异步通知机制，例如在 Blocking Lock 场景中还是要通过轮询来模拟阻塞语义的。

总体来说，NFS 通常被用在 UNIX 操作系统和其他类 UNIX 操作系统上。虽然，Mac OS 和 Windows 操作系统也提供了 NFS 实现，但在 Windows 操作系统上挂载 NFS 共享目录时，Windows 操作系统自带的 NFS 客户端在兼容性、性能、功能上还不完备。因此，Windows 操作系统下用 SMB 协议更好。

2.1.6 SMB 协议

SMB（Server Message Block）是一种网络资源共享通信协议，起源于 20 世纪 80 年代，最初是将 DOS 本地文件访问转化为网络文件系统的协议，随后和局域网管理器结合发展起来，被广泛应用于 Windows 操作系统。相对于 NFS 协议，SMB 协议更加适合于各个版本的 Windows 操作系统。

1. SMB 协议的演进

作为一个诞生在互联网"远古"时代的网络资源共享通信协议，SMB 协议同样经过不断衍生、变化的演进历程，如表 2-1 所示。从表 2-1 可以看到，SMB 协议作为一个网络文件系统的基本功能已经比较完整了，如各种文件系统操作、用户认证、消息签名、客户端缓存等，更是取消了对 NetBIOS 协议层的依赖，从而直接使用 445 端口运行在 TCP/IP 之上。至于 SMB 协议为何在 1996 年一度改名为 CIFS 呢？那都是源于微软为应对 Sun 公司的 NFS 协议面向 Web 服务的扩张（WebNFS），而进行的一次失败的 IETF 网络文件系统标准化尝试，这里不细说。不过这一次改名导致了人们现在有时也会以 CIFS 来表示 SMB 协议，而在 Linux 平台的 SMB 客户端甚至一直保留了 CIFS 的名称。

表 2-1　SMB 协议历史版本与重要特性

SMB 协议版本	年份	相应操作系统及其版本	重要协议特性
SMB 3.1.1	2015 年	Windows 10 Windows Server 2016	- 传输加密算法协商 - 预认证完整性检查（Pre-authentication Integrity）
SMB 3.0.2	2013 年	Windows 8.1 Windows Server 2012 R2	- SMB Direct（RDMA）性能改进
SMB 3.0	2012 年	Windows 8 Windows Server 2012	- 目录级元数据客户端缓存（Directory Lease） - 持久句柄（Persistent Handle） - 基于 AES-CCM 算法的数据传输加密 - 消息签名（Message Signing）改用 AES-CMAC 算法 - SMB Direct（RDMA）支持 - 多通道（Multi-channel）
SMB 2.1	2009 年	Windows 7 Windows Server 2008 R2	- 基于租约（Lease）的文件数据客户端缓存 - 多协议版本支持协商（Multi protocol Negotiate） - 弹性句柄（Resilient Handle）
SMB 2.0.2	2008 年	Windows Vista SP1 Windows Server 2008	- SMB 指令数量减至 19 个 - 基于信用点（Credit）的流控机制 - 改进复合请求机制（Request Compounding） - 耐用句柄（Durable Handle）
SMB 2.0	2007 年	Windows Vista	- 消息签名（Message Signing）改用 SHA-256 算法 - 支持软链接（Symbolic Link） - 提升最大数据块尺寸（Maximum Block Size）

续表

SMB 协议版本	年份	相应操作系统及其版本	重要协议特性
SMB 1.0 / CIFS	2000 年	Windows 2000	- 包含 100+ 指令的指令集 - 打开（Open）、读（Read）、修改（Modify）、 关闭（Close）等文件操作
CIFS	1996 年	Windows NT 4.0	
早期 SMB	1983 年	MS-DOS OS/2	- 取消（Cancel）操作 - 直接运行于 TCP/IP 协议之上 - 查询、设定文件和卷属性（Attributes） - 基于 NTLM、Kerbeors 等协议的用户认证 - 基于 MD5 算法的消息签名（Message Signing） - 基于机会锁（Opportunistic Lock）的文件数据客户端缓存

随着互联网产业的快速发展，SMB 协议堪忧的安全性和愈发跟不上时代的性能使得微软不得不大刀阔斧地对 SMB 协议进行修订，并在 2007 年发布了 SMB 2.0。仔细观察就会发现，SMB 2.X 和 SMB 3.X 带来的众多新特性基本都是围绕着增加安全性和提升性能这两个主题来设计的。

然而，如果用户想要真正用上新版 SMB 协议带来的新特性，就必须保证 SMB 客户端和 SMB 服务端都能够支持带有该特性的协议版本。更因为微软并不支持向旧版 Windows 操作系统移植新版的 SMB 客户端或服务端程序，用户只能在更新操作系统之后才能够体验更新的 SMB 特性。

2. SMB 协议特性

（1）租约

租约（Lease）是分布式系统里被广泛使用的数据一致性缓存技术，让客户端在没有其他客户端使用同一个文件的前提下，动态调整他们的缓存策略，在本地缓存文件数据，尽可能地减少数据在远程服务器上的读写来提高性能并减少网络流量。它的主要思想就是将访问一个资源的给定权利按照合约（Contract）的方式提供给某个持有者（Holder），这份合约可以在一个指定时间以后过期，也可以在发生网络断开、系统重启等事件时过期。

SMB 3.0 开始有目录租约（Directory Lease），主要目的是在租约的基础上提供目录内成员元数据的缓存。

（2）多通道

多通道（Multi-channel）是微软从 SMB 3.0 （Windows 2012）起推出的一个新特性，用于提高网络性能及文件服务器的可用性。

在多通道之前，一个客户端和一个服务器的 SMB 会话只能使用一个网络连接。那么，其性能和带宽也就被建立在一条物理链路上的一个 TCP 连接的最大带宽所限制。SMB 多通道使应用程序可以充分利用所有可用的网络带宽，并使它们能够抵御网络故障。当 SMB 3.x 客户端和 SMB 3.x 服务器之间有多个路径可用时，多通道能够聚合各个网络带宽，极大提高应用的最大吞吐能力，并且能够在某些网络路径发生故障时迅速切换，来提高网络容错能力。

3. 兼容性

虽然 Windows 操作系统可以连接 NFS 协议的文件分享，Linux 操作系统上也可以挂载 SMB 协议的网络存储，但这种"跨平台"的网络文件系统会有很多不可知的问题。

不过随着近年多方合作的不断加强，UNIX 操作系统和 Linux 操作系统对 SMB 协议的支持已经比较完整，在功能和性能上都有了长足的进步。特别是近期在 Linux 4.18 内核版本中，CIFS 客户端增加了 SMB 3.1.1 版协议对 POSIX Extension 的实验性支持。一直以来，Windows 操作系统和 POSIX 的文件系统语义兼容都是用户跨平台（Windows、Linux、Mac 等操作系统）文件访问的阻碍。在云计算大发展的当下，Linux 操作系统和 Windows 操作系统分别统治服务器市场和消费者市场，对数据和文件的跨平台访问会是一个可以预见的强大需求。而随着 SMB POSIX Extension 的到来，SMB 协议必将在跨平台的网络文件访问上大展身手。

当下，主要的云计算厂商几乎都已经推出了云上的文件存储服务，用户一般可以使用 SMB 或者 NFS 协议来挂载访问这些云文件存储。随着存储技术，尤其是面向云端的存储技术的不断发展，文件存储也正朝着大规模、跨地域、大集群的方向发展，NFS 及 SMB 等网络文件系统协议也开始了自己的创新与变革的进程。

2.2　数据重删与压缩

数据重删与压缩的目的在于更有效地利用存储空间，使得相同的物理存储空间能够容纳更多的数据。但更密集的数据存储也带来了性能上的损失，所以如何选择高效的重删与压缩算法来获得更好的性能和存储效率的平衡是关键。

2.2.1 数据重删

在日常工作和生活中难免产生很多重复数据，数据重删（Data Deduplication）是一种通过对比、校验、删除存储设备上的冗余数据来减少存储空间的主流技术，可节省存储空间、成本及相关的网络带宽等。下面介绍常见的重删类型。

1. 定长重删和变长重删

定长重删指将数据按照固定长度大小（如 4KB、8KB 等）进行切分和内容查重。

变长重删指利用自适应算法对数据进行切分，能有效地识别出数据的变化部分，并将变化限定在相邻的数据分片当中，如图 2-31 所示。

混合云备份服务分别对不同的数据源采用不同的切分方式，如虚拟机的备份采用定长重删，文件备份采用变长重删，以获得更好的重删率。

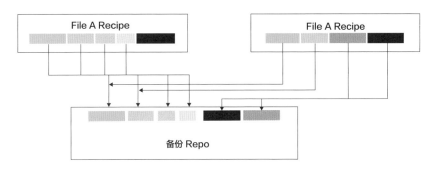

图 2-31　变长重删架构

2. 本地重删和全局重删

本地重删指仅将本地的数据进行比较、查重。全局重删指将整个重删域中的数据进行比较、查重。混合云场景下，往往会出现本地多机房及云上数据同时需要保护的情况，如果仅仅针对本地机房数据进行比较、查重，就会成倍地增加备份介质的存储开销。

3. 源端重删和目标端重删

源端重删指先删除重复数据，再将删除后的数据传输至备份介质当中。目标端重删指先将数据传输至备份介质当中，再在备份介质当中进行重删。由此可见，源端重删在混合云的场景下能有效地减少网络的数据传输与网络带宽的消耗。

2.2.2 数据压缩

数据压缩是按照一定的算法对数据进行重新组织，在不丢失有用数据的前提下尽可能地缩减数据量，减少存储空间，节省网络带宽，提高传输效率的一种编码方法。

1. 数据压缩方式

（1）有损压缩

有损压缩多半用于对图像或语音的处理当中，允许压缩过程中丢失一些图像或语音中人们不敏感的部分来获得更大的压缩比。虽然不能完整地恢复原始数据，但是损失的部分对用户理解原始图像或语音的影响较小。

（2）无损压缩

无损压缩是利用数据的统计冗余进行压缩，可以完全恢复原始数据。但是整体数据压缩比例受到数据冗余度的影响，文本数据一般能达到 2 ∶ 1 到 5 ∶ 1，对于通用多媒体的压缩率不如有损压缩算法。

在通用存储中，多采用无损压缩。无损压缩可以在不影响数据的可靠性、完整性的前提下，牺牲很小的读 / 写性能，优化存储成本。

2. 数据压缩策略

为确保数据的存储与读取性能，一般将完整的文件分割成独立的数据块（Chunk）进行单独压缩，每个数据块都能被独立读取和解压缩，以获得更好的随机读取性能。

在实际操作中，需要针对不同的数据源或存储方式使用不同的压缩算法、压缩长度，甚至在压缩率不高的数据上不进行压缩存储。具体策略如图 2-32 所示。

在存储的数据格式上每个被压缩的数据块都需要完整的自解释信息，所以在每个压缩块之前增加相应的头部（Header）信息，包含压缩块长度、数据结构版本、压缩算法标记、校验信息，描述后续的压缩块。

偏移（Offset）表描述每个数据块对应的数据文件（Data File）的偏移情况，能够方便地计算出需要读取的数据块在哪个压缩块当中。

总体来说，数据重删和压缩可以去除冗余数据，有效减少数据传输带宽和存储空间，因此在备份等场景中具有很重要的作用。但为了保证数据的安全性，数据复制与冗余也是不可或缺的。

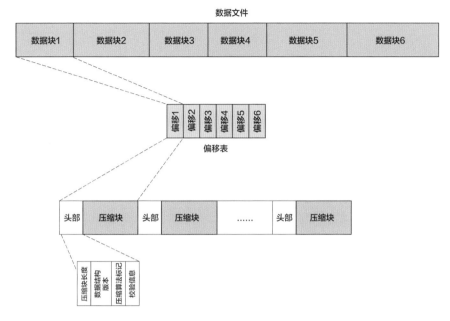

图 2-32 数据压缩策略

2.3 数据复制与冗余

为了保障存储数据的高可用性，预防一些故障造成的数据丢失或者不可用，数据复制与冗余是一种有效的方式。数据恢复的主要两个衡量标准为恢复时间目标（Recovery Time Objective，RTO）和恢复点目标（Recovery Point Objective，RPO）。恢复时间目标指出现灾难后多长时间可以让业务继续运作；恢复点目标指出现灾难时会丢失多长时间的数据，即备份间隔。数据复制（Replication）能够带来更短的恢复点目标与恢复时间目标，但并不能防止数据的误删或者修改发生。数据冗余是保证数据可靠性和可用性的重要手段。常见的数据冗余技术包括独立磁盘冗余阵列（Redundant Array of Independent Disks，RAID）、多副本、纠删码（Erasure Coding，EC）、Quorum 等。

2.3.1 数据复制

数据复制是指通过网络即时或定时地把数据从一个地方传输到另一个地方。常见的复制模式分为同步复制和异步复制。

1. 同步复制

同步复制要求每一个写入操作在执行下一个操作处理之前都能在源端和目标端完成。特点是数据丢失少，但会影响生产系统性能，除非目标系统物理上离生产系统比较近。

2. 异步复制

异步复制是指业务系统的数据读写操作独立进行，对备份系统的数据存储操按照排队方式进行，业务系统的输入/输出操作不受异地备份系统的输入/输出操作影响，二者存在时间差。由于异步复制对业务系统的性能影响较小，所以被应用在灾备场景中。以阿里云的云灾难恢复（Cloud Disaster Recovery，CDR）为例，来解读数据异步复制技术。CDR 可以实现远程数据同步和灾难恢复。在物理位置上分离的存储系统，通过远程数据连接功能，可以远程维护一套或多套数据副本。CDR 采用连续数据保护技术（Continual Data Protection，CDP）来实时抓取、跟踪数据变化，将变化的数据实时复制到灾备中心独立存放，以提供尽可能多的恢复点。CDP 技术也可以为生产中心的数据在灾备中心实时创建灾备副本。当生产中心由于一些因素无法工作的时候，生产中心可以迅速地切换到灾备中心提供服务，尽量减少灾难发生时对生产服务造成的影响。

在公共云环境中，因为数据会存在于不同的可用区内，所以会有跨地域复制（Cross-region Replication）的情况。它是指跨不同数据中心（地域）的存储空间（Bucket）自动、异步（近实时）复制文件，会将文件的创建、更新和删除等操作从源存储空间复制到不同区域的目标存储空间，满足了存储空间跨地域容灾或用户数据复制的需求。

目标存储空间中的对象是源存储空间中对象的精确副本，二者具有相同的对象名、版本信息、元数据及内容，例如，创建时间、拥有者、用户定义的元数据、文件访问控制列表、对象内容等。

2.3.2 数据备份与恢复

数据备份是为应对数据删除、丢失或损坏等意外情况，将主存储器的数据复制到备份存储器中，便于之后实现数据恢复。数据备份与恢复的典型过程如图 2-33 所示。

按照存储网络工业协会（Storage Networking Industry Association，SNIA）的定义，快照是指定数据集合的一个完全可用拷贝，该拷贝包括数据在某个时间点的映像，记录了逻辑地址和物理地址的对应关系。

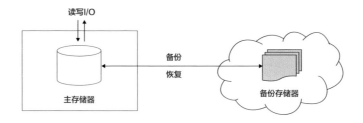

图 2-33　数据备份与恢复

快照在数据备份与恢复中发挥的作用越来越大：

（1）在线数据恢复。即当存储设备发生应用故障或者文件损坏时，可及时将数据恢复成快照产生时间点的状态。

（2）数据访问通道。在处理源数据时，用户可以访问快照数据。用户还可以利用快照进行测试等工作。

快照实现的技术方式包括写时拷贝（Copy-On-Write，COW）、I/O 重定向（I/O Redirect）、镜像分离（Split Mirror）、克隆快照（COW-With-Copy，CWC）、持续数据保护等。

从具体的技术细节来讲，快照是指向保存在存储设备中的数据的引用标记或指针。换句话说，快照类似详细的目录表，但它被计算机作为完整的数据备份来对待。在传统的集中式存储方式下，快照数据一致性往往是基于单点原子性的阻塞 I/O 写入的方式实现的。为了降低快照生成过程对 I/O 的影响，往往采用写时拷贝（Copy-On-Write）进行快照数据的读取及备份过程。但是，在分布式的环境下，传统的数据一致性实现方式已不能满足分布式云盘高性能、低延时的要求，比如，单云盘划分为多个分布式的数据文件空间；共享存储存在多个客户端的并发写入；单个应用系统的数据写入关联多块分布式云盘；分布式的应用横跨多个虚拟机及云盘。

目前主流的快照技术包括镜像分裂快照技术、按需备份快照技术、指针重映射快照技术、增量快照技术等。

针对所生成的快照数据是否支持应用程序感知，快照数据的一致性主要分为：崩溃一致性快照和应用一致性快照。

崩溃一致性快照保证数据写入的顺序。如图 2-34 所示，对于任意的两个顺序 I/O 写操作 A 和 B，如果 A 写入完成发生在 B 之前，B 在创建快照时刻存在于快照中，那么 A 一定存在于快照中。

应用一致性快照仅在生成一致性时间点与应用互通，无增量数据生成及备份读写操作。应用一致性快照对用户的价值在于提供云原生的无代理应用一致性快照，简化了客户使用传统备份方式所产生的资源消耗、发布复杂性、软件兼容性、内核开发及软件维护的成本。

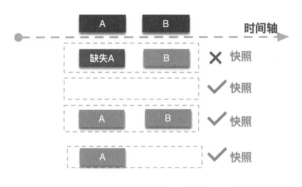

图 2-34 快照生成判定

2.3.3 RAID

RAID 技术诞生于 1987 年，由美国加州大学伯克利分校提出，当时旨在通过联合多块廉价低容量硬盘替代当时昂贵的大容量硬盘。它将多块硬盘虚拟成一块逻辑硬盘提供给用户使用，用户操作这块逻辑硬盘和操作普通的硬盘没有任何区别。RAID 技术通过将数据分散到不同的硬盘上，从而可以提供比单盘高得多的吞吐量；通过镜像或者奇偶校验的冗余手段，能够容忍一定数量的硬盘损坏并保证数据不丢失。

1. RAID 级别分类

根据具体的应用场景选择不同的 RAID 级别，可以灵活地在可靠性和性能之间做权衡。比较常用的 RAID 级别有 RAID0、RAID1、RAID10、RAID01、RAID5、RAID6 等。它们对应着不同的性能和可靠性。

（1）RAID0

RAID0 适用于对于对性能要求很高但是数据安全性要求不高的场景。RAID0 将内存缓冲区的数据写入磁盘时，根据磁盘的数量，将数据分成 N 份，然后把这些数据并发写入 N 块磁盘，每块磁盘上存储不同的数据，这样整体的数据写入速度是单个磁盘的 N 倍，读取当然也是并发执行的。

因此 RAID0 可显著提高性能，具有极快的数据读写速度。但是 RAID0 不做数据备份，可靠性最差，N 块磁盘中只要有一块损坏，数据完整性就会被破坏，其他磁盘的数据就无法使用了。

（2）RAID1

RAID1 提供了硬盘的镜像功能，每个写请求都需要同时对两块硬盘进行操作。因为每块硬盘上都有一份数据，这样其中任何一块硬盘坏掉之后，用户的数据都不会丢失。只有一份数据所对应的两块硬盘都坏掉了才会出现数据丢失的情况。换句话说，只要阵列里有任意一块磁盘还能用，阵列就能继续工作，而且当新磁盘替代旧磁盘后，系统会自动复制数据。当然它的缺点也很明显，就是只有 50% 的有效存储空间。

RAID1 的读取速度取决于能最先访问到待读取数据的硬盘的速度。如果软件上有优化，就可以达到 RAID0 的读取速度。但是最慢的磁盘限制了写入速度，因为系统需要等待最慢的磁盘完成写入并做好检验工作。

（3）RAID10 和 RAID01

RAID0 读写速度快，但没有数据冗余；RAID1 做了数据备份，但读写速度受到制约。所以就需要想办法结合 RAID0 和 RAID1 各自的优点。

RAID10 就是将 N 个磁盘平均分成两份，这两份磁盘互为镜像，相当于是 RAID1，但对于每份磁盘来说，其存储方式像 RAID0 一样，可以做到并发读写。这样在读写速度和容错能力上就有一个平衡。

RAID10 结合了 RAID0 和 RAID1 的技术，最少需要四块硬盘，也就是先做镜像再做条带。RAID01 先做条带再做镜像。在正常情况下，RAID10 和 RAID01 几乎没有区别。但在单块硬盘损坏的情况下，RAID10 因为是先做镜像再做条带，除非在剩下的三块硬盘里损坏硬盘的镜像再次损坏，才会出现数据丢失的情况；而 RAID01 则不同，尚存的条带里的两块硬盘中的任何一块损坏，都会出现数据丢失的情况。因此，在性能一样的情况下，RAID10 安全性更好。

（4）RAID5

就一般情况而言，服务器上很少出现同时损坏两块磁盘的情况，往往是损坏一块磁盘的时候，就换上新的磁盘，然后恢复损坏磁盘上的数据。所以我们可以据此设计一个磁盘利用率更高的方案，即 RAID5。

RAID5 是 RAID0 和 RAID1 的折中方案，各方面兼顾较好，空间利用率为 $(N-1)/N$。RAID5 一般由 N（$N \geqslant 5$）块硬盘组成，一份用户数据会存储于 $N-1$ 块硬盘中，剩余的一块硬盘里会记录着对应的奇偶校验值，一般都是通过异或的方法来计算的。RAID5 是使用得很广泛的 RAID 技术，数据会分散存储于 $N-1$ 块硬盘中，所以它具有很高的性能。同时它又能容忍一块硬盘损坏，具有一定的容错性。

（5）RAID6

RAID6 和 RAID5 相比会多一份校验值，所以具有更高的容错性和数据安全性，但是带来的副作用就是硬盘利用率有所下降，同时因为每份数据都需要计算两份校验值，计算的工作量增大，性能和 RAID5 相比有所下降。

2. RAID 技术创新

RAID 技术作为高性能、高可靠性的存储技术，在各类存储系统里扮演了非常重要的角色，在过去多年里得到了广泛的应用。不过传统的 RAID 技术虽然有着高性能和高可靠性的优点，但是随着硬盘容量的日益增大，一些问题也开始显现。如果一块几个 TB 的硬盘损坏，受限于热交换盘的带宽，在热交换盘上重建出完整的数据很可能需要几个小时甚至几天，过长的重建时间可能会让剩余的硬盘暴露在没有冗余的风险中。

为了消除这个弊端，很多存储厂商开始提出一种 RAID2.0 的概念。和传统的 RAID 技术相比，它主要的创新是不再以硬盘为基本单位，而是将硬盘切为更小粒度的数据块级别（例如 64MB）。RAID4+1 会在五块硬盘里选择五个数据块组成一个数据组。因为数据做了更小粒度的切分，所以 RAID4+1 可以适用于任何大于等于 5 的硬盘组，每块硬盘里一般会预留一部分空间作为热交换区间。一旦发生了某块硬盘的损坏，剩余的硬盘可以并发地执行数据的重建，能够大大减少数据重建的时间，也就减少了连续的硬盘损坏带来的数据丢失的风险。

分布式存储系统在软件层面上实现了 RAID 的功能，例如，在可靠性方面，允许多个节点故障；在数据重建方面，业务系统无须停机，多个节点可以同时参与恢复；在性能方面，也有很大提升。

2.3.4　多副本与纠删码

分布式存储系统的一个基本假设就是节点可能会出现故障，而在节点故障情况下保证系统依然能正常工作的方式就是数据冗余保护。多副本和纠删码是目前分布式存储系统中常用的两种数据冗余保护策略。

1. 多副本

多副本是将每一份数据生成额外的几个副本，保存在其他节点上，任何一个节点出现故障，其他节点都可以使用备份的数据继续服务。

副本策略是在不同的数据存储节点上存储同一数据的多个副本，当某个副本丢失时，可以通过其他副本复制回来。这种多副本的数据保护方式，一来实现简单，二来可靠性高。只有所有副本所在的存储节点都发生故障，才会影响业务；除此之外，可以通过未发生故障的其他副本读取数据从而保证业务继续进行。

对于副本，最重要的考量点有两个：副本数量和副本位置。副本数量越多数据可靠性越好，但响应需要浪费的资源越多，所以选择合适的副本数量就很重要。很多系统使用 3 个副本，也可根据需要调整。如果数据和它的副本在同一个节点上，等同于没有副本，完全不能保证数据可靠性。不同的副本应该处于不同的故障域中，按照故障域的范围还可以进一步细分为跨物理机、跨机架、跨交换机甚至跨机房和跨地域。

对于数据可靠性来说，数据副本技术是最容易理解的容错技术，是分布式存储系统的常用手段之一。数据副本技术将数据复制多份，存放在多个磁盘之中，数据的副本数量越多，可靠性越高。数据副本技术的另一大优势在于数据恢复过程对计算资源的消耗极少，副本的直接复制过程可能只会计算数据的存放位置，其他过程对 CPU 的开销极少。但数据副本技术会带来两大方面的问题：一是数据副本所占用的空间太大，对于网络及磁盘空间都有着极大的负担；二是维护副本间的数据一致性会带来极大的资源消耗。

三副本采用的 NWR 算法中无论 W（Write）和 R（Read）是什么样的设置，N 为副本数量，一般都为 3，因此被称为三副本。这种数据冗余方式的存储成本也比较高，即若要存储 1TB 数据，则实际需使用 3TB 空间。在副本复制方面，一般有同步和异步之分，NWR 算法中两者是同时被使用的，即 W 的部分要求同步写入，其他部分采用异步方式写入。从用户角度看，异步方式比较友好，但内部的一致性则需要额外的工作来保证。另外，从角色上看，还有主从副本之分。NWR 算法并没有规定副本之间的角色定位，通常认为是平等的，并发情况下的复杂度也因此增大。主从副本则以依次传递的方式进行拷贝，即所有的写都需经过主副本，主副本完成后，再传递至从副本，从副本的写可以是异步的。如果主副本发生异常了，则从其他副本中选取一个作为主副本（选举协议），当然在切换过程中可能会存在一定的异常时间窗口。

例如，开源分布式文件存储系统 Ceph 采用的是类似主从副本的方式，复制方式则是"同步 + 异步"组合使用，它并没有采用严格的 NWR 算法实现，不过依然采用了三副本的数据冗余方式。数据的一致性则是通过内部的自管理和数据清洗来完成的。

分布式存储系统由多个节点组成，规模越大，异常状况，如网络异常、硬盘故障、宕机等越可能发生。为了保证系统的可靠性和可用性，分布式存储系统必须使用多副本来降低异常状况带来的影响。保持多个副本之间的一致性最简单的策略是：写时要求全部副本写完才返回，读则随意读取一份即可。当写比较多时，这种方式将导致响应时间极大增加。更极端的情况，如果此时某个副本节点异常了，等待可能就是无限期的。为了更进一步地解决该问题，基于 Quorum[1] 投票的冗余算法就被提出，通过 Quorum NWR 算法，可以自定义一致性级别。

Quorum NWR 中有 3 个要素：N、W、R。它们是 Quorum NWR 的核心内容，我们就是通过组合这 3 个要素实现自定义一致性级别的。

N 表示副本总数，W 表示写入返回时需保证成功的最少副本数，R 表示需读取的最少副本数。每个副本都有版本号，以区分副本的新旧情况，还有类似心跳检测的协议，以便知道副本所在节点的健康状态，防止无限期等待。

NWR 一般是通过设置来完成的。常见的设置有 N3-W2-R2，对一致性的要求比较高；而 N3-W2-R1 则对读一致性要求不高；还存在 W1 的情况，只需写入一个即可返回，性能最好，但一致性保证最差。具体如何设置则取决于实际的业务需求。

2. 纠删码

纠删码技术主要是通过纠删码算法将原始的数据进行编码得到冗余，并将数据和冗余一并存储起来，以达到容错的目的。纠删码的容错能力能够根据配置的冗余副本数来进行选择，其实现逻辑是将 n 块原始的数据元素通过一定的计算，得到 m 块冗余元素（校验块）。对于这 $n+m$ 块元素，当其中任意的 m 块元素出错（包括原始数据和冗余数据）时，均可以通过对应的重构算法恢复出原来的 n 块数据。生成校验的过程被称为编码（Encoding），恢复丢失数据块的过程被称为解码（Decoding）。纠删码的存储空间利用率为 $n/(n+m)$，例如 $n = 6$，$m = 2$，则存储空间利用率为 75%，而传统的三副本策略的存储空间利用率只有 33%。下面将详细地讲述纠删码的主要分类和使用方式。

（1）纠删码的主要分类

● 三盘和多盘容错编码

这一类编码主要从 RAID 5、RAID 6 的编码衍生发展而来，常见的如 RS 编码等。RS 编码由 Iring S. Reed 和 Gustave Solomon 在 1960 年提出，是一种最大距离可分离码（Maximum Distance Separable，MDS），具有最佳的存储效率。与基于 XOR 的代码相比，RS 的编码和解码操作基于伽罗华域，有更高的计算复杂性。然而，由于其高可扩展性，RS 编码已被广泛应用于传统的云存储系统中。在由 RS(k, r) 表示的 RS 编码中，$n = k + r$ 表示参与纠删码编码的节点总数，k 表示数据节点的数量，r 是校验节点的数量。通常，数据组织和编码 / 解码的基本单元称为块（块用于表示作为纠删码中基本访问单元的数据元素）。RS(k, r) 最多可以同时容忍 r 个故障，并且可以从

1　Quorum 机制是一种分布式系统中常用来保证数据冗余和最终一致性的投票算法。

任何 k 个幸存者节点中恢复故障节点的数据。RS 编码如图 2-35 所示。

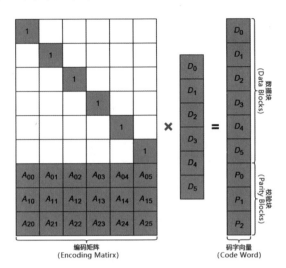

图 2-35　RS 编码

在分布式存储系统中，单节点发生故障时，有 k 个尚存的数据存储节点用于恢复丢失的数据，这会导致巨大的恢复延时并严重影响云存储系统的性能。以 RS(6，3) 为例，图 2-36 为单节点故障情况下的重构策略。6 个存活节点的数据传输到名为 dest 的故障备份节点之上进行数据恢复。

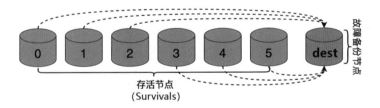

图 2-36　单节点故障情况下的重构策略

- 本地恢复编码

本地恢复编码（Locally Repairable Codes，LRC）通过增加存储负载来减少恢复时所需数据量。本地重建编码和本地恢复编码是两个相似的编码，学术上把它们统称为 LRC 编码。LRC 是一种典型的非 MDS 代码。

LRC 编码可以用 LRC(k，z，r) 表示，其中 k、z 和 r 分别为数据节点数量、本地校验节点数量和全局校验节点数量。其中，k 个数据节点被划分为 z 个组，每个组内的 k 份数据进行异或运算生成一个本地校验。

这里以 LRC(6, 3, 3) 为例，P_0、P_1 和 P_2 是数据节点 (D_0, D_1, …, D_5) 总计 6 个数据节点参与编码生成的全局校验。P_a、P_b 和 P_c 是局部校验，它们分别通过数据节点组 (D_0, D_1)、(D_2, D_3) 和 (D_4, D_5) 生成，如图 2-37 所示。

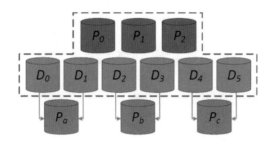

图 2-37 LRC(6, 3, 3) 编码方式

由于使用了额外的本地校验，LRC 编码比 RS 编码牺牲了更多的存储冗余，从而提高了本地编码组中单个故障恢复的性能。为了重建丢失的数据节点，故障备份节点仅需获取同一组中节点的数据。

图 2-38 为 LRC(6, 3, 3) 中单个节点故障的重构。故障节点 D_0 标记为棕色。恢复时只需将绿色虚线框中的 (D_1, P_a) 两个数据块发送到 D_0 进行异或操作就可以恢复出原始数据。

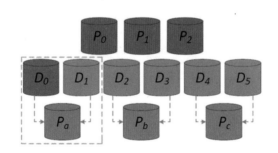

图 2-38 LRC(6, 3, 3) 单个节点故障的重构

在过去的 20 年中，针对云存储系统发展出了几种基于异或运算的编码，如 STAR、Triple-STAR、HDD 和 TIP 编码。这些编码都可以容忍任何 3 个节点的并发节点故障。在多可用分区环境下，GRID 编码是解决大量节点故障的可行方案。但是，由于基于多维异或运算的校验生成的方法过于复杂，这类编码的可伸缩性问题是云存

储系统中的一大障碍。

- 最小存储再生码

最小存储再生码（Minimum Storage Regenerating，MSR）是具有 MDS 编码属性的一种再生码的特殊类型。它表示为三元组 (n,k,l)，表示 n 个数据节点及校验节点、k 个数据节点和大小为 l 的子分组。MSR 编码可以在单节点故障的情况下降低恢复成本。

在实际中，构造出能真正使用的 MSR 编码是非常困难的，因为有一些比较难满足的特征：

- 明确编码，并支持小的有限域；
- 确定性恢复；
- 数据分片支持小规模数据；
- 支持任意的丢失数据的数目；
- 同等对待数据编码恢复和校验编码恢复。

能够同时满足上述几点的 MSR 编码已经被构造出来，其中一个比较有优势的被称为 Clay 编码，它的特点是将数据进行分层，相当于在每一个层次上使用传统的 RS 编码（这样的描述并不准确，但是可以这样初步理解），并且每个层次上的每个数据点都与其他层次上的相关数据进行耦合。

Clay 编码的参数可以通过下面的属性描述出来，即在这个编码的过程中，满足下面的公式：

$$n = q \times t \quad k = q \times (t-1) \quad d = n-1 \quad \alpha = q^t \quad \beta = q^{(t-1)}$$

在这个公式中，n 是总的磁盘数目，k 是数据盘的数目，q 是校验盘的数目，d 是在恢复的时候需要从中读取数据的磁盘总数。值得注意的是，d 看起来比 n 少 1 个，这意味着至少有一个磁盘损坏的时候才能进行数据重构。在坏了多个盘之后，就需要恢复原始数据才能将损坏的数据恢复出来，仍然可以恢复 q 个磁盘的错误。α 是保存在每一个磁盘上的数据总量，β 是在恢复阶段需要从每一个磁盘中读取的数据量。在进行编码的时候，将数据放置到不同的节点中，并构成不同的数据平面。这里的数据表达如下：

$$\mathcal{A} = \{A(x,y,z) \mid x \in \mathbb{Z}_q, y \in [t], z \in \mathbb{Z}_q^t\}$$

即每个 A 为一个数据节点或者校验节点，x 的变化范围为 1 到 q，而 y 的变化范围为 1 到 t。图 2-39 为 Clay 编码的数据排布方式。这样，每个竖列都可以代表放到一个磁盘上的数据。

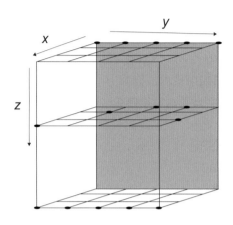

图 2-39　Clay 编码的数据排布方式

（2）纠删码的使用方式

为了加速数据恢复过程，出现了很多涉及减少网络带宽等指标的快速数据恢复方法，例如纠删码混用法、部分并行恢复法（Partial Parallel Repair，PPR）和流水线化恢复法（Repair Pipelining，RP）。

● 纠删码混用法

多纠删码混用法的思路旨在结合两种不同的编码来平衡存储代价和恢复代价。它的思路来源是云存储中，热数据占的比例较少，大部分数据为冷数据。针对冷数据和热数据采用不同的数据编码可以优化系统的性能。

纠删码混用法采用同族的两种纠删码编码相结合的方式，分别表示为快速编码（Fast Code）和紧凑型编码（Compact Code）。快速编码具有较高的恢复速度和低恢复代价，但是有较高的存储代价。相反，紧凑型编码具有较低的存储代价，但是在恢复速度上有所不足。举一个 Hadoop 系统中的纠删码混用法的 LRC 例子，参数为LRC(12,6,2) 和 LRC(12,2,2)。调度策略：写热数据时，直接用复制策略进行存储，写冷数据时，根据读的次数分类；读热数据时，用快速编码进行存储，读冷数据时，用紧凑型编码进行存储。同时要注意全局状态，当总的占用内存值达到设定的阈值时，一部分快速编码会被转化为紧凑型编码，如图 2-40 所示。

快速编码转化为紧凑型编码：全局校验码不变，三个本地校验码计算得到新的本地校验，进行了两次本地校验块的操作。

紧凑型编码转化为快速编码：全局校验码不变，前两个本地校验分别由相应数据块生成，并由原来的校验块和两个新的校验块一起生成最后的校验块。以上操作重复了两次。

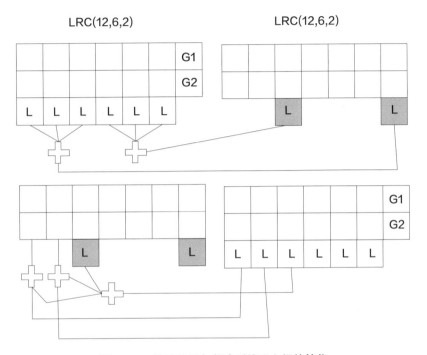

图 2-40 快速编码与紧凑型编码之间的转化

多纠删码混用法的优点是对冷热数据区分编码。相较于单一编码（LRC），在读延时上有着明显的优化，同时在存储代价上牺牲得不多。

- 部分并行恢复法

传统纠删码（k，r）方案中，k 个正常节点同时传输数据给重构节点，一起计算。如果失效前节点共存储了 d 大小的数据，就会导致处理节点需要接收 $k \times d$ 的数据。部分并行恢复法将传输和运算以二叉树的形式分为 $\log_2(N)$ 个步骤，并减少每个阶段每个节点的传输负载。图 2-41 为部分并行恢复法的恢复机制，部分并行恢复法将恢复过程分为 $\log_2(k + 1)$ 个步骤（①、②和③），并且在每个步骤中，每个节点组并行完成部分重建。在每个阶段，部分并行恢复法都会以两个节点为一组，每组选出一个节点接收并计算数据。在整个计算过程中，每经过一个阶段，参与计算的节点都会减少一半，一直减少到只剩下一个节点，此时所有节点的数据都已经参与了运算。

假设 C 是块大小，B 为网络带宽，集群使用 RS(k,r) 编码。对于传统方案而言，由于需要将所有数据传输到一个节点上，总的传输时间为 $k \times C/B$。而对于 PPR 方案而言，我们可以将整个计算过程分成多个阶段。每一个阶段，对于任意一个节点，需要传输的数据量最多为 C，即每个阶段所花的时间为 C/B。每过一个阶段，参与的节点减少一半，因此一共需要 $\log_2(k+1) \times C/B$ 的时间完成所有的运算和传输。相较于传统算法，部分并行修复法将整个网络传输过程变成对数时间复杂度的传输过程。

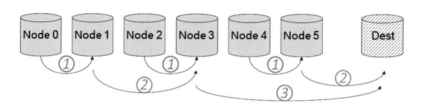

图 2-41　部分并行修复法的恢复机制

- 流水线化恢复法

对于计算机系统来说，计算过程中的最小单元不是一个数据块，而是一个字（Word）。因此，可以将整个纠删码计算恢复流程划分成一个个更小的单位，并以流水线的方式处理它们。流水线化恢复法将每个存储数据片段的节点作为流水线的一环。计算的结果即恢复好的失效片段，最终会被传输给选定节点。对于 (k,r) 校验，将数据块以一个字为单位切割成 s 份，数据流以线性的方式经过每个拥有数据的 k 个节点，最终到达恢复节点。在这种方法下，流水线内的计算可以高度并行化，进而使得总的传输时间可以趋近于单个数据块传输的时间。

图 2-42 所示是流水线化恢复法的恢复机制，将单个块 / 节点故障的恢复分解为几个固定大小的单元，称为分片 1、分片 2、分片 3 和分片 4，并且所有这些分片都是流水线化的传输。

流水线化恢复法对降级读和节点失效恢复两种情况分别制定了不同的策略。对于降级读，由于节点和块会恢复，计算得到的结果只需暂时使用，且计算量小，因此采用图 2-42 的线形的流水线模式，数据从第一个节点开始依次经过选中的 m 个节点并将结果发送给客户端。对于失效恢复，由于数据量和计算量都大，所以采用分阶段的计算方法进行流水线化恢复。

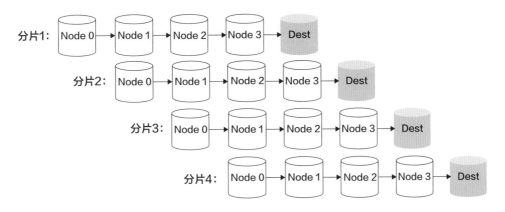

图 2-42   流水线化恢复法的恢复机制

3. 多副本与纠删码的对比

分布式存储技术的不断成熟，已经使得在同一套存储中可以实现多副本和纠删码两种模式。在性能和冗余性方面，多副本模式更好，而从硬盘利用率的角度来说则纠删码模式更优。

性能要求高的关键业务，如数据库等，一般采用多副本。视频、影像存储等海量存储场景可以采用纠删码，提高存储系统利用率，降低成本。此外，对象存储系统中，索引池可以使用多副本策略，而数据池可以采用纠删码，这样既提升了读写效率，又节省了成本。如果同一套存储中多副本和纠删码都有，那么就可以实现数据分层存储和生命周期管理。纠删码和多副本的对比如表 2-3 所示。

表 2-3   纠删码与多副本的对比

	空间利用率	硬件成本	读写性能	重构性能
多副本	低	高	较高	较快
纠删码	高	低	较低，I/O 块较小时比较明显低	较慢

在读写性能上，多副本往往会更高，因为纠删码在写入时涉及数据校验，而且可能会产生写惩罚，在读取时更会横跨多个节点。例如，4+2 纠删码在读取 1 个数据时，需要从 4 个节点分别读取 4 个分片再进行拼接，任何 1 个节点延时过长，都会对性能造成很大影响；而多副本只需要读取 1 个完整的分片即可，不涉及节点的数据拼接。这两者的性能差异在 I/O 块较小时会较为明显。但如果 I/O 块比较大的话（例如 1MB），那么两者的性能差距就会逐渐缩小，因为这时候写惩罚较少，纠删码也能很好地发挥多个节点并发的优势。在重构性能上，多副本也会有明显优势，因为不涉及

数据校验，只是单纯的数据拷贝，所以速度比较快。而纠删码的重构涉及反向校验的计算过程，所需要的读写数据量和 CPU 计算消耗都会更大。

在可靠性上，多副本和纠删码的故障冗余程度往往差别不大，例如，三副本和 4+2 纠删码都可以允许任意 2 个节点故障而数据不丢失。但也需要注意两点，一是多副本的重构速度往往比纠删码更快，所以硬盘故障恢复也更快、可靠性更高；二是纠删码可以采用 +3、+4 的策略来容忍更多节点故障，而且空间利用率并不会太低，但如果多副本采用 4 副本或 5 副本的方式，则无法体现上述优势。

数据恢复对性能会产生影响，以二副本为例，1 个节点或者数据块发生故障时，数据恢复需要从一个副本读取一次，然后写入一次进行数据恢复，影响的是 1 个节点的读取性能。

在纠删码设置 4 个数据块和 1 个校验块的情况下，1 个节点或者数据块发生故障时，数据恢复需要读取 3 个数据块和 1 个校验，通过计算后再写入一次进行数据恢复，影响的是 4 个节点的读取性能。

多副本技术的原理比较简单，以二副本为例，实际数据完整写入两份，三副本就将实际数据完整地写入三份。纠删码的原理与 RAID5 的原理类似，将实际数据以条带的方式写入，条带由数据条带与校验条带组成。纠删码不需要完整写入真实数据的副本，而通过引入校验数据块保障数据冗余，从而获得更多的存储空间。纠删码相对 RAID 技术更加灵活，条带由 K 个数据块和 M 个校验数据块组成，而且 K 和 M 是可以调整的。

纠删码配置 1 个校验位（FT=1）与二副本（RF=2）的可靠性相当，允许任意 1 个节点或者 1 个数据块损坏。纠删码配置 2 个校验位（FT=2）与三副本（RF=3）的可靠性相当，允许任意 2 个节点或者 2 个数据块损坏。

写惩罚二副本下，某个节点的 1 次数据写入，实际需要 2 个节点参与（写入 2 次），写惩罚为 2。纠删码配置 4 个数据块和 1 个校验块的情况下，1 次数据写入，实际需要至少 2 个节点参与，其中读取 2 次（读取数据、读取校验），写入 2 次（写入数据、写入校验），写惩罚为 4。

因为纠删码在读取时必须由数据块重组数据对象，所以会影响读吞吐带宽，然而纠删码配置以一个较低的成本表现出更高的（顺序）写吞吐带宽，这是由于写放大较少。由于二副本或三副本是基于数据完整复制的，没有涉及额外的运算，所以需要的 CPU 资源开销较低。纠删码由于读和写都需要计算校验值，所以其 CPU 资源开销高。

在实际应用中，为保证数据的高可靠性和高可用性，云存储系统已经实现了多副本策略和纠删码两种数据冗余技术的兼容使用。

2.4 数据安全

数据安全通常要求做到数据不被窃听，不被未授权账号访问，不被篡改。具体到实现上，云存储系统数据安全通常包含数据加密、权限体系。

2.4.1 数据加密

1. 对称加密算法和非对称加密算法

根据加密算法来分，数据加密可分为对称加密算法和非对称加密算法。其中对称加密算法的加密与解密密钥相同，主要有 DES、3DES、AES 等；非对称加密算法的加密密钥与解密密钥不同，主要有 RSA、DSA 等。此外，还有一类不需要密钥的散列算法，主要有 SHA-1、MD5 等。

（1）对称加密算法

对称加密算法是应用较早的加密算法，又称为共享密钥加密算法。在对称加密算法中，使用的密钥只有一个，发送和接收双方都使用这个密钥对数据进行加密和解密。这就要求加密和解密方事先都必须知道这个密钥。

数据加密过程：在对称加密算法中，数据发送方将原始数据（明文）和加密密钥一起经过特殊加密处理，待生成加密密文后进行发送。

数据解密过程：数据接收方在收到密文后，若想读取原数据，则需要使用和加密密钥相同的算法对加密的密文进行解密，才能使其变为可读明文。

（2）非对称加密算法

非对称加密算法又称为公开密钥加密算法，加密和解密使用的是两个不同的密钥。它需要两个密钥：一个是公开密钥（Public Key），即公钥，另一个是私有密钥（Private Key），即私钥。

如果使用公钥对数据进行加密，只有用对应的私钥才能进行解密。如果使用私钥对数据进行加密，只有用对应的公钥才能进行解密。

2. 落盘加密

数据存储安全主要是通过数据落盘加密来保障的。阿里云提供云产品落盘存储加密功能给用户，并统一使用阿里云密钥管理服务（Key Management Service，KMS）进行密钥管理。阿里云的存储加密提供 256 位密钥的存储加密强度（AES256），满足敏感数据的加密存储需求。

3. 密钥与密钥管理

云存储的加密功能使用托管给云产品的服务密钥作为主密钥。具体而言，当用户在一个地域第一次使用某一个云产品服务的数据加密功能时，该服务系统会为用户在密钥管理服务中的使用地域自动创建一个专为该服务使用的用户主密钥（Customer Master Key，CMK）。本密钥会作为服务密钥，且其生命周期是托管给云产品的，用户可以在密钥管理服务控制台上查询到该用户主密钥，但不能删除。

虽然云产品托管的服务密钥可以帮助用户获得基本的数据保护能力，但是对于有明确诉求的用户，还可能存在一些密钥管理的短板，例如，不能自主管理密钥的生命周期、不能设定自动轮转、保护级别仅为软件密钥等。因此，用户可以通过在支持的云产品中选择自己创建或上传用户主密钥到密钥管理服务中，并直接管理自选密钥的生命周期。通过资源访问管理（Resource Access Management，RAM）的授权后，用户可以禁用或者启用密钥，配置授权策略，以及在密钥管理服务中导入自带密钥（Bring Your Own Key，BYOK），进一步增强密钥的生命周期管理能力和控制云产品的数据加解密能力。

自带密钥和用户主密钥是用户的资产，云产品必须得到用户的授权才可以使用其对数据进行加解密操作。用户也可以随时取消相对应的用户主密钥授权，实现对数据加解密操作的可控。同时意味着，用户需要更多地考虑己方的责任，管理好对密钥的授权和生命周期。

阿里云的密钥管理服务支持用户将密钥托管在硬件安全模块（Hardware Security Module，HSM）之中，并可利用硬件安全模块进行密码计算和安全托管等功能，为用户的主密钥提供更高层次的保护。用户可以将密钥托管在硬件安全模块中，利用硬件机制来保护密钥的明文密钥材料不离开硬件安全模块的安全边界。用户使用硬件安全模块密钥进行计算时，密码计算的过程也只会发生在硬件安全模块中，从而保证了用户密钥的私密性。硬件安全模块托管密钥可以满足用户的高级别安全和合规需求。

2.4.2 权限管理

1. 资源访问管理

资源访问管理服务用于用户身份管理与资源访问控制。资源访问管理授权可以细化到对某个 API-Action 和 Resource-ID 的细粒度授权，还可以支持多种限制条件（源 IP 地址、安全访问通道 SSL/TLS、访问时间、多因素认证等）。资源访问管理允许在一个阿里云账号下创建并管理多个身份，并允许给单个身份或一组身份分配不同的权限，从而实现不同用户拥有不同资源访问权限的目的。资源访问管理的功能特性如下：

（1）集中控制资源访问管理用户及其访问密钥，为用户绑定多因素认证设备。

（2）集中控制资源访问管理用户的资源访问权限。

（3）集中控制资源访问管理用户的资源访问方式，确保资源访问管理用户在指定的时间和网络环境下，通过安全信道访问特定的阿里云资源。

通过权限策略（RAM Policy）控制一个操作主体（如用户、用户组、资源访问管理角色等）对一个具体资源的访问能力。权限策略中可以指定在某种条件下允许（Allow）或拒绝（Deny）对某些资源执行某些操作，从而控制数据所在的相关资源隔离需求。

2. 多账号场景下的身份权限管理

阿里云提供基于资源目录（Resource Directory，RD）的多账号统一身份管理与访问控制——云单点登录管理。使用云单点登录管理可以统一管理企业中使用阿里云的用户，一次性配置企业身份管理系统与阿里云的单点登录，并统一配置所有用户对资源目录账号的访问权限。相关功能包括：

（1）统一管理使用阿里云的用户

云单点登录管理为企业提供一个原生的身份目录，企业可以将所有需要访问阿里云的用户在该目录中维护。企业既可以手动管理用户与用户组，也可以借助 SCIM 协议从其企业身份管理系统同步用户和用户组到云单点登录管理身份目录中。

（2）与企业身份管理系统进行统一单点登录配置

虽然可以选择让云单点登录管理身份目录中的用户使用其用户名、密码和多因素认证的方式访问阿里云，但更好的方式是与企业身份管理系统进行单点登录，最大限度地优化用户体验，同时降低安全风险。云单点登录管理支持基于 SAML 2.0 协议的企业级单点登录，只需要在云单点登录管理和企业身份管理系统中进行一次性简单配置，即可完成单点登录配置。

（3）统一配置所有用户对资源目录账号的访问权限

借助与资源目录的深度集成，在云单点登录管理中可以统一配置用户或用户组对整个资源目录内的任意成员账号的访问权限。云单点登录管理管理员可以根据资源目录的组织结构，选择不同成员账号为其分配可访问的身份（用户或用户组）和具体的访问权限，且该权限可以随时修改和删除。

（4）统一的用户门户

云单点登录管理提供统一的用户门户。企业员工只要登录到用户门户，即可一站式获取其具有权限的所有资源目录账号列表，然后直接登录到阿里云控制台，并可在多个账号间轻松切换。

（5）CLI 集成

云单点登录管理已与阿里云 CLI 进行了集成。用户除了使用浏览器登录云单点登录管理用户门户，也可以通过阿里云 CLI 登录云单点登录管理。登录后，选择对应资源目录账号和权限，通过 CLI 命令访问阿里云资源。

（6）服务免费

云单点登录管理为免费产品，开通后即可正常使用，不收取任何费用。

以对象存储（OSS）为例，为保证数据安全，推荐使用资源访问管理用户（子账号）的（AccessKeyAK）登录 OSSBrowser。

（1）资源访问管理用户的权限分类

管理员子账号：拥有管理权限的资源访问管理用户。例如授予某个资源访问管理用户可管理所有存储空间和具有资源访问管理授权配置的权限，该资源访问管理用户即为管理员子账号。企业员工可以使用阿里云账号登录资源访问管理控制台，创建管理员子账号，对账号授予权限。

操作员子账号：仅拥有某个存储空间或某个目录只读权限的资源访问管理用户。管理员可通过简化政策（Policy）授权给资源访问管理用户分配权限。

（2）使用临时授权码登录

OSSBrowser 支持临时授权码登录。可以将临时授权码提供给相应的人员，允许其在授权码到期前，临时访问存储空间下某个目录。到期后，临时授权码会自动失效。

（3）简化政策授权

管理员子账号登录 OSSBrowser 后，可通过简化政策授权，创建操作员子账号或对操作员子账号进行授权，可授予某个存储空间或某个目录只读或读写权限。

2.5 数据一致性

根据 CAP 理论，一个分布式系统在一致性（Consistency）、可用性（Availability）、分区容错性（Partition Tolerance）这三个特性中最多满足两个，例如，在满足一致性和分区容错性的情况下，通常很难满足可用性。但是一些折中的一致性协议，例如 Raft/ Paxos，只要保证大部分副本数据一致就认为数据最终一致。

近年来，随着分布式系统的规模越来越大，对可用性和一致性的要求越来越高，分布式一致性的应用也越来越广泛。纵观分布式一致性在工业界的应用，从最开始分布式一致性的鼻祖 Paxos 的一统天下，到横空出世的 Raft 的流行，再到 Leaderless 的 EPaxos 开始备受关注，背后的技术是怎么演进的？本节试图从技术角度探讨这一问题。

2.5.1 分布式一致性

分布式一致性，简单地说，就是在一个或多个进程提议了一个值后，使系统中所有进程对这个值达成一致。这样的场景在分布式系统中很常见，例如：

- 领导者选举（Leader Election）：进程对领导者达成一致；

- 互斥（Mutual Exclusion）：进程对进入临界区的进程达成一致；

- 原子广播（Atomic Broadcast）：进程对消息传递顺序达成一致。

对于这些问题有一些特定的算法，但分布式一致性试图探讨这些问题的共性。如果能够解决分布式一致性问题，则以上的问题都可以解决。

为了就某个值达成一致，每个进程都可以提出自己的提议，最终通过分布式一致性算法，确保所有正确运行的进程学习到相同的值。这是理想情况，实际应用的分布式系统一般是基于消息传递的异步分布式系统，进程可能会慢、被杀死或者重启，消息可能会延时、丢失、重复、乱序等。

在一个可能发生上述异常的分布式系统中如何就某个值达成一致，形成一致的决议，并保证不论发生以上任何异常，都不会破坏决议的一致性。这正是一致性算法要解决的问题。

1. Paxos

Paxos 达成一个决议至少需要两个阶段（准备阶段和接受阶段），如图 2-43 所示。

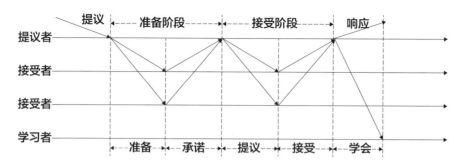

图 2-43　一致性协议 Paxos

准备阶段的作用：

- 争取提议权。只有争取到了提议权才能在接受阶段发起提议，否则需要重新争取。

- 学习之前已经提议的值。接受阶段使提议形成多数派，提议一旦形成多数派则决议达成，可以开始学习达成的决议。接受阶段若被拒绝需要重新走准备阶段。

- Multi-Paxos。Basic Paxos 达成一次决议至少需要两次网络来回，并发情况下可能需要更多，极端情况下甚至可能形成活锁，效率低下。Multi-Paxos 正是为解决此问题而提出的，如图 2-44 所示。

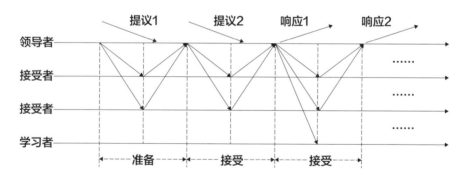

图 2-44　Multi-Paxos 中领导者用于避免活锁

Multi-Paxos 选举一个领导者（Leader），提议由领导者发起，没有竞争，解决了活锁问题。在提议都由领导者发起的情况下，准备阶段可以跳过，将两阶段变为一阶段，提高效率。Multi-Paxos 允许多领导者并发提议，不影响安全性，极端情况下退化为 Basic Paxos。

Multi-Paxos 与 Basic Paxos 的区别并不在于 "Multi"（Basic Paxos 也可以 "Multi"），只仅在于在同一提议者连续提议时可以跳过准备阶段而直接进入接受阶段。

2. Raft

不同于 Paxos 是直接从分布式一致性问题出发推导出来的，Raft 则是从多副本状态机的角度提出的,使用更强的假设来减少需要考虑的状态,使之变得易于理解和实现。

Raft 与 Multi-Paxos 有着千丝万缕的关系，表 2-4 总结了 Raft 与 Multi-Paxos 的概念对比。

表 2-4 Raft 与 Multi-Paxos 的概念对比

Raft	Multi-Paxos
领导者	提议者
条款项	提议 ID
日志入口	提议
索引	事件 ID
领导者选举	准备阶段
追加项	接受阶段

Raft 假设系统在任意时刻最多只有一个领导者，提议只能由领导者发出（强领导者），否则会影响正确性；而 Multi-Paxos 虽然也选举领导者，但只是为了提高效率，并不限制提议只能由领导者发出（弱领导者）。

强领导者在工程中一般使用领导者租约（Leader Lease）和领导者黏性（Leader Stickiness）机制来保证：

- 领导者租约：上一任领导者的租约过期后，随机等待一段时间再发起领导者选举，保证新旧领导者的租约不重叠。
- 领导者黏性：领导者租约未过期的跟随者拒绝新的领导者选举请求。

Raft 限制具有较新的已提交的日志的节点才有资格成为领导者，Multi-Paxos 无此限制。

Raft 在确认一条日志之前会检查日志连续性，若检查到日志不连续，则会拒绝此日志，从而保证日志连续性。Multi-Paxos 不做此检查，允许日志中有空洞。

Raft 在追加项（Append Entries）中携带领导者的提议索引，一旦日志形成多数派，领导者更新本地的提议索引即完成提交，下一条追加项会携带新的提议索引通知其他节点；Multi-Paxos 没有日志连接性假设，需要额外提交消息通知其他节点。

二者异同总结如表 2-5 所示。

表 2-5　Raft 与 Multi-Paxos 的异同

	Raft	Multi-Paxos
领导者	强领导者	弱领导者
领导者选举权	具有较新的已提交日志的副本	任意副本
日志同步	保证连续	允许空洞
日志提交	推进提议索引	异步的提交消息

3. EPaxos

EPaxos（Egalitarian Paxos）于 SOSP'13 提出，比 Raft 还稍早一些。但在 Raft 在工业界大行其道的时间里，EPaxos 却长期无人问津。直到最近，EPaxos 才开始被工业界所关注。

EPaxos 是一个无领导者（Leaderless）的一致性算法。某个副本不可用了可立即切换到其他副本，各副本负载均衡，无领导者瓶颈，所以具有更高的吞吐量。客户端可选择最近的副本提供服务，在跨 AZ、跨地域场景下具有更小的延时。

不同于 Paxos 和 Raft，EPaxos 事先对所有实例（Instance）编号排序，然后再对每个实例的值达成一致。EPaxos 不事先规定实例的顺序，而是在运行时动态地决定各实例之间的顺序。EPaxos 不仅对每个实例的值达成一致，还对实例之间的相对顺序达成一致。EPaxos 将不同实例之间的相对顺序也作为一致性问题，在各个副本之间达成一致，因此各个副本可并发地在各自的实例中发起提议，在这些实例的值和相对顺序达成一致后，再对它们按照相对顺序重新排序，最后按顺序应用到状态机。

从图论的角度看，日志是图的节点，日志之间的顺序是图的边，EPaxos 对节点和边分别达成一致，然后使用拓扑排序，决定日志的顺序。图中也可能形成环路，EPaxos 需要处理循环依赖的问题。

EPaxos 引入日志冲突的概念（与 Parallel Raft 类似，与并发冲突不是一个概念）。若两条日志之间没有冲突（例如访问不同的 Key），则它们的相对顺序无关紧要，因此 EPaxos 只处理有冲突的日志之间的相对顺序。

若并发提议的日志之间没有冲突，EPaxos 只需要运行预接受（Pre-accept）阶段即可提交（Fast Path），否则需要运行接受阶段才能提交（Slow Path），如图 2-45 所示。

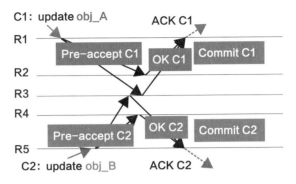

图 2-45　EPaxos 预接受阶段

预接受阶段尝试将日志及与其他日志之间的相对顺序达成一致，同时维护该日志与其他日志之间的冲突关系。如果运行完预接受阶段，没有发现该日志与其他并发提议的日志之间有冲突，即该日志以及与其他日志之间的相对顺序已经达成一致，直接发送异步的提交消息；否则需要运行接受阶段将冲突依赖关系达成多数派，再发送提交消息，如图 2-46 所示。

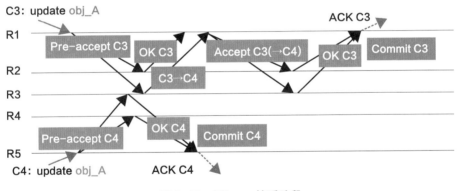

图 2-46　EPaxos 接受阶段

2.5.2　一致性对比分析

从 Paxos 到 Raft 再到 EPaxos，背后的技术是怎么样演进的？下面主要从可理解性、效率、可用性和适用场景四个角度进行对比分析。

1. 可理解性

Raft 大大降低了使用分布式一致性的门槛，将分布式一致性变得大众化、平民化。因此 Raft 被提出之后迅速得到行业青睐，极大地推动了分布式一致性的应用。EPaxos 的提出比 Raft 还早，但却长期无人问津，很大原因是 EPaxos 的理解难度较大。EPaxos 基于 Paxos，但却比 Paxos 更难以理解，大大地阻碍了 EPaxos 的应用。不过，是金子总会发光的，EPaxos 因它独特的优势而越来越被认可。

2. 效率

关于效率对比，可以从负载均衡、消息复杂度、管线（Pipeline），以及并发处理几个方面来对比 Multi-Paxos、Raft 和 EPaxos。

从负载均衡来看，Multi-Paxos 和 Raft 的领导者负载更高，各副本之间负载不均衡，领导者容易成为瓶颈；而 EPaxos 不需要领导者，各副本之间负载完全均衡。

从消息复杂度来看，Multi-Paxos 和 Raft 选举出领导者之后，正常只需要一次网络来回就可以提交一条日志，但 Multi-Paxos 需要额外的异步提交消息；Raft 只需要推进本地的提议索引，不使用额外的消息；EPaxos 根据日志冲突情况需要一次或两次网络来回。因此，在消息复杂度上，Raft 最低，Paxos 其次，EPaxos 最高。

从管线来看，将管线分为顺序管线和乱序管线。Multi-Paxos 和 EPaxos 支持乱序管线；Raft 因为日志连续性假设，只支持顺序管线。但 Raft 也可以实现乱序管线，只需要在领导者上给每个跟随者维护一个类似于 TCP 的滑动窗口，对应每个跟随者上维护一个接收窗口，允许窗口里面的日志不连续，窗口外面是已经连续的日志。日志一旦连续则向前滑动窗口，窗口里面可是乱序管线。

从并发处理来看，Multi-Paxos 沿用 Paxos 的策略，一旦发现并发冲突则退回重试，直到成功；Raft 则使用强领导者来避免并发冲突，跟随者不与领导者竞争，避免了并发冲突；EPaxos 则直面并发冲突问题，将冲突依赖也作为一致性问题来解决。Paxos 是冲突回退，Raft 是冲突避免，EPaxos 是冲突解决。Paxos 和 Raft 的日志都是线性的，而 EPaxos 的日志是图状的，因此 EPaxos 的并行性更好，吞吐量也更高。

3. 可用性

EPaxos 任意副本均可提供服务，某个副本不可用了可立即切换到其他副本，副本失效对可用性的影响微乎其微；而 Multi-Paxos 和 Raft 均依赖领导者，领导者不可用则需要重新选举领导者，在新领导者未选举出来之前服务不可用。显然，EPaxos 的可用性比 Multi-Paxos 和 Raft 更好。如果将 Multi-Paxos 和 Raft 相比的话，Raft 是强领导者，跟随者必须等旧领导者的租约到期后才能发起选举；Multi-Paxos 是弱领导者，跟随者可以随时竞选领导者，虽然会对效率造成一定影响，但在领导者失效的时候能更快地恢复服务，因此 Multi-Paxos 比 Raft 可用性更好。

4. 适用场景

EPaxos 更适用于跨 AZ、跨地域场景，对可用性要求极高的场景，以及领导者容易形成瓶颈的场景；Multi-Paxos 和 Raft 适用场景类似，如内网场景、一般的高可用场景，以及领导者不容易形成瓶颈的场景。

第 3 章

云存储基础组件

谷歌的"三驾马车"——分布式文件存储（Google File System，GFS）、键值存储（Key-Value Store）Big Table、大数据分析系统 MapReduce，以及分布式锁服务 Chubby 为云计算、大数据，甚至整个软件世界打造了一套分布式系统的开发蓝本。对标这套蓝本，本章将重点介绍包括分布式存储系统、分布式锁服务、高性能网络服务框架，以及键值存储系统等云存储基础组件。

3.1 分布式存储系统

面向云计算的大规模分布式存储系统，往往需要历经纯软件技术架构、用户态技术架构，再到软硬一体全栈融合技术架构的发展阶段。一个大规模、高性能、高可靠、高可用、可伸缩的分布式存储系统，不仅需要为对象存储、表格存储、块存储、文件存储等不同存储产品提供分布式持久化核心存储层，而且要为上层的大数据处理、数据库、中间件、日志分析、邮箱、搜索等基础服务提供底层数据存储服务。阿里云飞天盘古统一底层存储平台如图 3-1 所示。

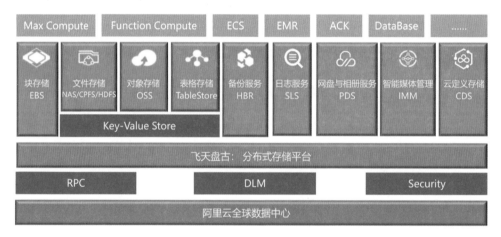

图 3-1　飞天盘古统一底层存储平台

3.1.1　技术特点

从 2008 年问世以来，飞天盘古作为阿里巴巴集团、蚂蚁集团业务的数据存储平台，一方面为了适应硬件的迭代更新；另一方面为了满足大规模及复杂业务场景的存储需求，在存储技术的理解、分析、分类和抽象等方面有着持续创新。这主要体现在四个方面，即开放分层的分布式存储软件、高性能存储网络、硬件适配性和硬件架构创新，以及深度软硬件融合的闪存存储架构。

1. 开放分层的分布式存储软件

飞天盘古大规模分布式存储软件是基于通用服务器硬件构建的，其架构具有开放分层的特征，通过开放分层架构将问题分而治之，在不同的层次专注解决不同的难点问题；各模块能够独立演进，快速满足业务需求，适配新技术的发展。开放分层架构具备定义稳定且良好的接口，有利于系统自身的快速迭代。不仅如此，飞天盘古针对不同的硬件特点及应用场景进行了深度的优化和设计，包括：

- 分布式元数据服务增强整体系统的元数据服务器能力，支持海量文件规模、灵活伸缩扩展，并摒弃中心节点带来的不足，提升分布式存储的可靠性及性能。
- 自研的分布式一致性协议对软硬件异常进行容错，在保证可靠性的基础之上提升性能。
- 分布式纠删码技术将数据冗余从典型的 3 份副本降低至 1.5 份副本以下。
- 全自研的用户态存储引擎支持 NVMe 固态硬盘和机械硬盘介质，充分发挥 NVMe 的性能，保证后端存储的 I/O 延时在 10μs 以内；通过用户态存储引擎挖掘机械硬盘的吞吐带宽，比基于 Ext4 的存储引擎性能高了数倍。
- 全链路服务级别协议保证 I/O 的稳定性，通过异常节点探测算法、异步写追加等方法来增强端至端的 I/O 服务质量。

2. 高性能存储网络

网络互连是分布式存储的基础，随着半导体存储介质的发展，飞天盘古针对存储网络面临的低延时、高吞吐、CPU 占用等问题，提出了包括用户态 TCP 协议栈 Luna、增强型 RoCE、全自研 RDMA 网络协议，以及软硬一体技术架构在内的新一代存储网络协议及技术架构。具体包含以下几个方面。

首先，飞天盘古为了解决分布式存储互连存在的性能问题，构建了全球最大规模的增强型 RDMA 存储网络，解决了传统 RDMA 面临的 PFC 等问题。在规模化生产环境下，端至端 I/O 延时降低至 100μs 以内，造就了全球性能第一的 ESSD 云盘。

其次，为了降低处理网络协议栈的 CPU 开销、减少内存拷贝，飞天盘古持续升级数据中心存储物理网络技术架构，将数据中心上行和下行网络各提升至 100Gbps，网络带宽利用率达到 90% 以上，并向更高速率的网络技术发展。

再次，飞天盘古自研 RDMA 存储网络协议栈，发展 HPCC（High Performance Control Center）网络拥塞控制算法。通过 RDMA 协议提升硬件卸载的效率、降低网络丢包率、提升存储网络利用率、解决存储场景下面临的 Incast 等重要问题，促进存储网络向高性能方向演进。

最后，飞天盘古通过端网协同能力，提升链路探测的效率，降低存储 I/O 的长尾延时，提升存储系统的 QoS 能力，为用户提供极致服务。

3. 硬件适配性和硬件架构创新

硬件适配性主要包括两个方面，一是在网络建设上，从 25Gbps、40Gbps 的大规模应用到已规划的 100Gbps，RDMA 网络建设也逐渐成熟；二是在存储介质上，从 HDD、SATA SSD、NVMe SSD 的广泛使用，到 Optane 的逐步推广，3DXPoint、EP 等新型 NVM 介质的尝试引入，新硬件微秒级的延时，使得存储系统的性能瓶颈从网络、存储介质转移到存储软件栈。飞天盘古存储软件架构的主要技术创新包括：

（1）推进众核 I/O 处理架构的技术演进

随着半导体存储介质的发展，需要新一代的 I/O 处理技术架构。众核 I/O 处理架构在线性扩展系统 IOPS 能力的同时，降低 I/O 延时，且支持包括 x86、ARM、飞腾等多种类型的处理器。

（2）软硬协同的设计使能 SMR HDD 及 QLC 低成本介质

将持久化内存 SCM 和 QLC 介质进行配合，在满足业务需求的前提下，优化 QLC 的写放大系数，降低成本。

（3）对基本的计算模块进行抽象，形成算子

通过硬件加速的方式对存储过程中的数据压缩、CRC 等计算任务进行加速，从而进一步提升 I/O 性能、软硬件效能。

（4）网卡与后端 SSD 之间的 I/O 通路直通

通过网卡与后端 SSD 之间的 I/O 通路直通来实现数据链路与控制链路的分离，使得整体的技术架构向 DPU 的方向演进，从而进一步推进后端存储的硬件架构的演化。

4. 深度软硬件融合的闪存存储架构

当下，半导体存储介质得到了飞速发展，其中闪存存储介质的发展尤为迅速。为了全面发挥闪存存储介质的性能，解决闪存自身的问题，飞天盘古创新性地提出了深度软硬件融合的闪存存储架构。通过将存储软件栈与固态硬盘的固件融合，简化整体的 I/O 栈，降低闪存的写放大系数，提升端至端 I/O 的服务质量，充分挖掘闪存的潜能，进一步降低云存储的成本。

飞天盘古推动了开放接口固态硬盘技术的发展，使得阿里巴巴自研的 Aliflash 盘和存储软件栈有了融合、协同设计。目前已经在线上规模化部署业内最大的开放接口固态硬盘飞天盘古存储系统，软硬件协同提升效能。针对开放接口固态硬盘及下一代数据中心 ZNS 固态硬盘的技术特点，飞天盘古通过软硬件协同的设计能力将固态硬盘的使用寿命和写吞吐带宽均提升两倍以上，并且在开放接口技术之上推进数据中心固态硬盘国际标准的发展，和业界厂商共同提出的 NVMe ZNS 技术在 NVMe2.0 国际标准中落地，重新定义了闪存硬件和存储软件栈之间的边界。

3.1.2　系统架构

飞天盘古所采用的开放分层的架构不仅将问题分而治之,实现各模块的独立演进,快速满足业务需求,更重要的是在开放分层架构中,稳定和良好的接口协议有利于更多的团队协作开发,保持飞天盘古的快速迭代。开放分层的软件架构是飞天盘古在系统架构演进上的重要实践经验。飞天盘古数据存储层从上到下分为飞天盘古服务层、飞天盘古分布式功能层、单机存储引擎层和软硬件一体化层(如图3-2所示)。

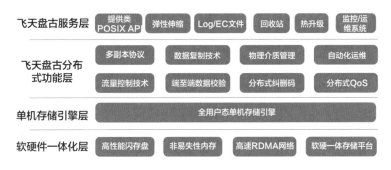

图3-2　飞天盘古存储系统架构

1. 飞天盘古服务层

飞天盘古提供仅追加(Append Only)的文件访问接口和仅追加的日志文件。日志文件提供分布式文件层原生的多副本文件(典型配置为三副本)及纠删码文件。存储服务利用该原生接口实现各类存储模型,如对象存储服务、文件存储服务等。

块存储利用日志结构(Log Structure)技术将若干仅追加文件组织起来,对外提供可随机读写的虚拟块存储接口,弥补仅追加文件的随机写局限。

大数据文件服务产品提供完全兼容 HDFS 的接口,采用分布式文件层原生的日志文件,方便飞天盘古接入规模庞大且丰富的 HDFS 生态。HDFS 生态也能享受到飞天盘古支持单集群超大规模、极致性能、高性价比和性能隔离等诸多特点。

2. 飞天盘古分布式功能层

飞天盘古分布式功能层是一个公共的基础核心,提供多副本文件(典型配置为三副本)及纠删码文件的文件语义,并支持 Direct I/O 及 Buffer I/O,可满足不同业务访问模式的需求。分布式功能层采用分布式元数据管理,支持单集群的大规模及系统的可伸缩性;提供良好设计的异常处理及数据复制机制,保证节点异常场景下飞天盘古系统的性能稳定性及数据可靠性;采用端到端的 QoS,保证业务运行的 SLA;采用端到端的 CRC 校验,保证数据传输和存储过程中的数据完整性;后台 CRC 校验机制保障数据持久存储的可靠性；支持快速介质与慢速介质构成的混合存储模式，达到性能与成本的均衡。

3. 单机存储引擎层

单机存储引擎层以一个高效、安全的数据存储系统作为存储节点，用于满足分布式文件协议的存储需求。该层提供统一开放的接口，适配本地文件系统或软硬件一体化层提供的本地定制化用户态文件系统，满足分布式文件核心层需要的单机存储引擎。单机存储引擎层统一开放的接口与分布式文件层协同设计，定义最小接口集合，摒弃标准 POSIX 接口，有利于结合硬件特性，并进行深度优化。

针对不同的业务需求及硬件机型，单机存储引擎可采用基于本地内核态文件系统，例如 Ext4 进行实现；也可以采用定制化用户态文件系统，例如基于用户态驱动的裸盘文件系统来实现。单机存储引擎在访问模式上，支持事件驱动的异步访问接口，也支持轮询模式的访问接口。根据存储介质的硬件特性，单机存储引擎提供不同的优先级调度机制，为飞天盘古实现业务端到端的 QoS 提供支持。

4. 软硬件一体化层

软硬件一体化层通过高性能软件栈实现新硬件和新存储介质的定制化和适配，主要包括：

- 对新硬件类型提供用户态驱动及硬件加速库；
- 提供用户态设备管理器、系统管理器、内存管理器，以及安装升级服务等硬件的用户态系统化管理；
- 充分适应和发挥新存储介质的特性，实现定制化用户态文件系统，例如，针对 NVMe SSD、NVM、QLC、HDD 等不同硬件介质特性，分别实现不同的存储子系统；
- 实现 RDMA 和 TCP/IP 的用户态网络接口；
- 用户态的存储管理工具。

接下来，我们将着重对飞天盘古分布式文件协议、单机存储引擎、高性能软件栈三个核心技术进行详细介绍。

3.1.3 分布式文件协议

飞天盘古分布式文件协议专注于实现多副本一致性协议、元数据管理、磁盘管理、数据放置策略、数据校验、纠删码、分层存储池等基本功能。其总体架构（如图3-3所示）

包含三种角色：

- 元数据服务节点（Master）是中心管理节点，主要管理全局存储资源池、目录树、文件元数据，元数据服务节点支持集中式和分布式两种运行形态；
- 数据存储节点（Chunk Server）作为单机存储引擎，提供数据节点的数据读写；
- 客户端（Client）提供飞天盘古文件的访问接口。

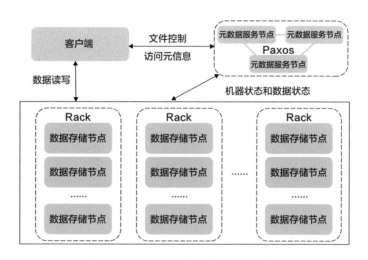

图 3-3　飞天盘古分布式文件层架构

集群划分为多个逻辑数据空间，每个逻辑数据空间为一个卷（Volume）。一个卷的数据由一组元数据服务节点进行管理，实现系统元数据管理的扩展。数据存储节点会管理属于多个卷的数据，将属于不同卷的数据状态上报到不同的元数据服务节点组。每组元数据服务节点由 3 个、5 个或 7 个节点构成 Paxos 组来实现高可用。

在元数据管理中，整棵目录树被垂直划分为多棵子树，每棵子树被分配到卷中。子目录树数根路径与卷的映射关系以挂载（Mount）表的形式存储在分布式协调服务系统中。客户端在启动时会加载挂载表，在文件访问时，根据文件路径和挂载表，路由到对应的元数据服务节点。

作为一个分布式文件系统，飞天盘古只提供一种仅追加模式的文件类型——日志文件。日志文件是追加写格式，因此具备简单、高效的特点，对实现分布式协议和性能优化都非常友好。

飞天盘古在分布式文件层提供统一的日志文件接口。日志文件具有文件系统的名字空间、创建、删除、打开、关闭、随机读、追加写，以及 stat 等操作接口。

在数据组织上，日志文件为有序的块数据列表构成连续的空间，每个日志文件中仅最后一个块数据允许追加，之前的块数据只允许读、不允许写。

产品适配层基于日志文件实现更丰富的接口类型，简化业务接入。日志文件在接口和语义上，类似于文件流（fstream），但在关键设计和实现机制上有较大的差异。

块（Chunk）是飞天盘古元数据服务节点进行存储资源分配和数据复制的最小单位。块具备分布式文件层的语义，包含与分布式文件协同设计的数据格式及元数据。块对数据写入提供原子性和持久性，保证在服务器和集群掉电时的数据可靠性。

为了保证数据写入的原子性和持久性，通常的存储方案是增加日志（Journal）：将数据和元数据分别写盘，写入成功后再写入日志，如 Ceph 的对象存储和 Ext4 本地文件系统。但这种方案会带来两次 I/O，还需要在故障切换后处理数据和元数据的一致性问题。

另一种方案是将数据和元数据一次性写入日志，然后将数据和元数据异步转储。在飞天盘古存储系统设计过程中，结合了日志文件追加写入的特点，块采用自描述的存储数据结构，数据和元数据一次落盘，保证数据持久化写入过程的原子性。

若日志文件给用户承诺的持久化协议为客户端返回数据写入成功，则数据保证持久化。在发生进程或者机器异常时，确保数据不会被丢失，且保证其完整性。在数据存储节点进程发生重启后、提供正常服务之前，需要经过一个数据恢复的过程，确定之前因异常重启导致的未决请求的完整性，并且确定块的有效数据长度。

在持久化元数据中记录数据的 CRC 校验信息，后台进程会对数据进行周期性 CRC 扫描校验，对 CRC 校验错误的块标记为数据损坏。通过飞天盘古元数据服务节点，发起数据复制，复制完成之后删除异常块，避免磁盘静默错误等原因导致的数据可靠性问题。

日志文件由多个块组成，用户在创建日志文件时可以配置该日志文件的块的最大长度。大块可以减少元数据服务节点的数据量和每秒查询率（Queries Per Second，QPS）压力，小块则在块故障切换时数据恢复速度更快。在实际业务场景中，块大小应根据日志文件使用模型配置。

日志文件提供两种 I/O 模式供用户选择：Sync I/O 和 Buffer I/O。I/O 模式为文件属性，在创建文件时指定。

Sync I/O 模式给用户的写入承诺为：若客户端返回数据写入成功，则保证本次数据写入的持久性及原子性。在这一模式下，发生进程中磁盘及机器等故障切换时，数据不会丢失且保持完整。

Buffer I/O 模式是在 Sync I/O 的基础上，针对特定写入模式的性能优化。Buffer I/O 将写入过程分为追加（Append）和提交（Commit）两个阶段：追加不承诺数据的持久化，提交会保证之前所有追加数据的持久化。在 Buffer I/O 的追加过程中，数据写入存储节点管理的用户态缓存中，并在后台以定块写盘。采用 Direct I/O、Async I/O 方式写盘。Direct I/O 的目的是绕过本地文件系统的页缓存，直接进行落盘操作。Async I/O 的目的是优化本地文件系统的写入性能。在块元数据中，追加未决数据长度字段（Uncommitted Length）表示异步方式写入数据的长度，追加过程更新该字段。提交过程对仍在存储节点缓存中的数据持久化并进行文件系统同步操作（Sync）。提交数据成功后，更新块的提交数据长度（Committed Length），保证数据持久化。

基于 LSM 树存储模型的后台压缩（Compaction）操作，以及大数据处理计算框架的批处理，均采用后台批量写入的方式，保证最终数据的持久化。对于这类吞吐型应用，Buffer I/O 模式能优化网络传输及磁盘的吞吐带宽，提升性能。

日志文件提供两种数据冗余模式：三副本和纠删码。两种模式采用统一的用户接口，均提供顺序写和随机读的语义。数据冗余模式为文件属性，在创建文件时指定。三副本模式需要 3 倍的数据冗余，而纠删码模式能在不降低数据可靠性的同时，将数据冗余控制在 1.5 倍以下，大幅降低存储成本。不同于其他系统采用的后台转写纠删码的方式，飞天盘古采用在线纠删码（Inline EC），对超过一定块大小的数据直接进行纠删码编码，并将数据持久化。相对于离线转写纠删码的方式，在线纠删码能大幅降低 I/O 访问带宽消耗、提升系统性能。

飞天盘古对数据的纠删码组织方式如图 3-4 所示，块被划分成包组（Packet Group），包组中位于同一个存储上的数据分别为一个包。每个包中进一步划分为条（Strip），条组（Strip Group）为计算纠删码的编码单位。图 3-4 中示例为数据块个数 $K=3$，校验块个数 $M=2$，用户写入数据时，数据的填充顺序为：A_1，$A_2 \cdots A_N$，B_1，$B_2 \cdots B_N$，C_1，$C_2 \cdots C_N$。编码时，由 A_1，B_1，C_1 编码计算出 D_1，E_1；由 A_2，B_2，C_2 计算出 D_2，E_2，以此类推；A_1，$B_2 \cdots E_2$ 是一个条组，A_2，$B_2 \cdots E_2$ 是一个条组，以此类推；D_1、$D_2 \cdots D_N$，E_1、$E_2 \cdots E_N$ 是包组的纠删码冗余块。

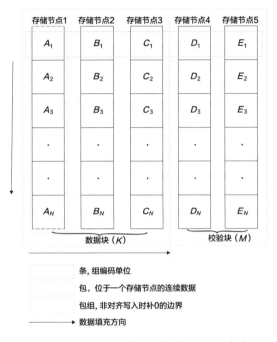

图 3-4 飞天盘古对数据的纠删码组织方式

包和条根据不同硬件介质的存储性能分别设置合适的值。包的大小设置要使小块 I/O 读操作尽量落到同一个块上，一次 RPC 及完成读盘请求；而大块 I/O 读操作则会同时读取多个块的包，利用并行性，提升大块 I/O 的读性能。而包进一步划分条，目的是减小 I/O 降级读操作从同一个包组的其他存储节点读取重建数据的数据量。

日志文件的纠删码以包组为单位进行数据填充，以条组为单位进行纠删码编码。飞天盘古客户端在写入数据时，会将填充的包组中的不同包同时写入对应的存储节点。在写入的数据非包组边界对齐时，会进行补 0。补 0 导致的用户数据逻辑长度和实际存储物理长度之间产生的偏差，会被记录到包组尾部的偏移表中。用户数据、补 0 数据与偏移表一起填充到包组，编码后，进行数据持久化。在读取数据时，先根据偏移表将用户输入的逻辑偏移转换成文件的物理偏移，再进行数据读取。偏移表在第一次读取时加载并缓存到内存。包组为条组的整数倍，补 0 的空间浪费不超过一个条组大小。

日志文件的纠删码模式，除了对数据以纠删码方式进行组织，纠删码与多副本共享大部分的核心实现机制，包括用户接口、块数据格式、追加、Check in、Sealing 及 Chasing 流程、Sync I/O 及 Buffer I/O 模式、数据复制，等等，以此保证飞天盘古软件架构的一致性及简单性。

3.1.4　单机存储引擎

单机存储引擎层提供统一开放的接口，适配本地文件系统或软硬件一体化层提供的本地定制化用户态文件系统，满足分布式文件核心层需要的单机存储引擎。单机存储引擎主要由 Chunk 存储引擎（Chunk Storage）和 Blob 存储引擎（Blob Storage）构成，如图 3-5 所示。

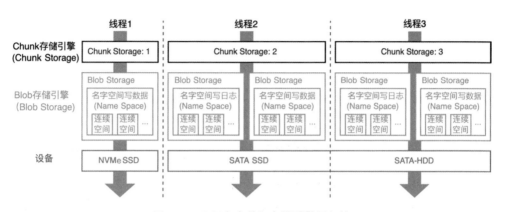

图 3-5　飞天盘古单机存储引擎层架构

1.　Blob 存储引擎和 Chunk 存储引擎

图 3-5 中的 Blob 存储引擎是个接口层，向下适配本地文件系统或软硬件一体化层提供的本地定制化用户态文件系统，向上为 Chunk 存储引擎提供存储空间的管理及存储访问接口。Chunk 存储引擎是分布式文件系统中提供块及其元数据一致性存储与访问的单机存储引擎。一个 Blob 存储引擎对应上层抽象一块存储设备硬件，一个 Blob 存储引擎包含多个名字空间，每个名字空间对应存储硬件设备的一个逻辑分区，有唯一名字标识及容量配额。每个名字空间管理多个 Blob。一个 Blob 是一个逻辑上的连续写入空间，有名字空间内唯一的名字标识，以及当前不小于被写过的最大长度容量。在线程模型方面，名字空间仅支持单线程访问。同一个 Blob 存储引擎内的多个名字空间可分别位于不同的线程。

Blob 存储引擎接口是采用与分布式文件层协同设计、定义良好的最小接口集合，摒弃 POSIX 语义，极大简化用户态本地文件系统的实现，利于结合硬件特性的深度优化。Chunk 存储引擎需要理解分布式文件层的逻辑语义，处理数据写入的原子性，提供块及其元数据的一致性存储及访问。在线程模型方面，Chunk 存储引擎可以采用单线程模型，避免线程切换和锁竞争，最大化降低软件开销，极致发挥硬件性能。

在写流程中，单机引擎会在落盘前对写入的数据进行 CRC 校验，并将数据和 CRC 重新组织，以原子写方式落盘；在读流程中，单机引擎会通过一次 I/O 操作读取数据和 CRC 校验，保证数据的正确性。

2. 混合存储引擎

混合存储引擎（Tiered Chunk Storage）是飞天盘古自定义的混合存储软件模型，将基于高速存储硬件的 Chunk 存储引擎和基于低速存储硬件的 Chunk 存储引擎进行组合，达到兼顾成本与性能的目的。利用混合存储引擎，可将部署在同一台服务器的高速存储设备和低速存储设备组合成混合存储设备，数据基于策略在高低速存储设备间迁移。迁移主要有两种：冷迁移将混合存储引擎中的"冷"数据自动从高速设备搬迁到低速设备；热迁移将混合存储引擎中的"热"数据自动从低速设备搬迁到高速设备，加快读取访问速度。具体流程如图 3-6 所示。

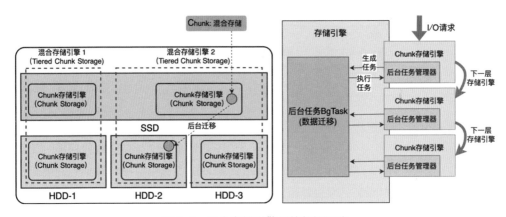

图 3-6　混合存储引擎间的数据迁移

飞天盘古在软件栈构建混合存储引擎，而不在硬件层利用混合存储设备，这样做的目的主要有两个：一是支持高速存储设备与低速存储设备的灵活搭配。通过搭配高低存储设备的存储空间及性能差异，满足不同业务的成本和性能需求。二是飞天盘古可以将集群中每台混合存储节点的高速存储设备和低速存储设备的存储空间划分并利用，分别构建高速存储池、混合存储池和低速存储池。

用户在创建文件时，可指定文件中每个副本的存储池类型，例如，在多副本文件中，可以指定：

①所有副本都存储在同类存储池，如热数据文件存储在高速存储池，冷数据存储在低速存储池；

②不同副本存储在不同类型的存储池，如一个副本存储在高速存储池，两个副本存储在混合存储池。这种模式在无故障切换的情况下，可更低成本地获得与高速存储池相近的性能；

③所有副本存储在混合存储池。这种模式适合低成本且需要保证写入低延时的场景。写发生在高速存储设备上，后台数据自动从高速设备迁移到慢速设备。

通过分层存储池的构建，飞天盘古既能满足不同业务的性能与成本需求，也能满足伴随因业务发展而导致存储需求的变化。

3.1.5　高性能软件栈

随着 CPU 的处理能力不断提升，CPU 的核数越来越多，而 Linux Kernel 协议栈在内存拷贝、中断处理、系统调用、资源互斥等方面都严重影响着性能的发挥，导致上层应用不能充分利用硬件升级带来的性能红利。因此，在高性能软件栈的设计上，需要进行更加有成效的创新。

1.　用户态存储软件栈

在软件架构设计上，飞天盘古充分利用用户态协议栈，不再依赖内核，发挥新硬件微秒级延时的高性能，为高性能数据库、高性能云盘等在线应用场景提供超低延时的存储服务。在网络访问上，将用户态 TCP、RDMA 等高性能网络底层技术在 RPC 层进行封装，提供统一的 RPC 接口；在 NVMe SSD 及 Optane 等存储介质访问上，支持用户态存储访问技术。

飞天盘古用户态存储软件栈，除了绕过内核，在用户态实现数据的跨网络传输与存储，还提供了一套完整的用户态存储软件运行平台，为分布式存储提供支撑。这其中包括：新硬件用户态驱动及硬件加速库、用户态设备管理器、系统管理器、内存管理器，以及安装升级服务等硬件的用户态系统化管理和多种用户态的存储管理和分析工具，等等。

2.　低延时优化技术

为适应高性能硬件及用户态协议栈的特性，飞天盘古系统在实现上也采用一系列的低延时优化技术。读 / 写请求采用 Run to Complete 模型，如图 3-7 所示，避免了数据路径的线程切换和锁竞争。请求处理流程中，数据零拷贝、上下文对象和内存分配均采用池化技术，降低线程开销，提高运行效率。用户态设备驱动通过 Polling 的方式处理 I/O 回调，避免因大量中断而引入的 CPU 效率问题。

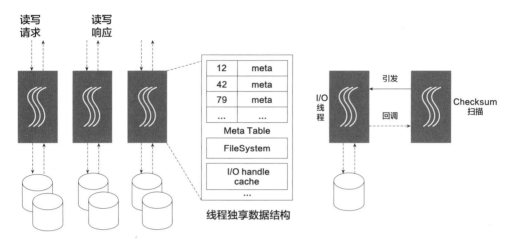

图 3-7　Run to Complete 模型

为了实现元数据管理节点端 I/O 关键路径中 Run to Complete 模型，元数据服务节点通过 HASH 函数建立单机存储引擎与 I/O 线程池的映射关系，将一到多个单机存储引擎映射到一个线程，由该线程处理对应存储引擎的元数据管理及 I/O 请求。因此，元数据管理的数据结构可以设计为线程本地存储（ThreadLocal），避免锁竞争和 CPU 缓存未命中（Cache Miss）。前端 I/O 读写请求的处理在同一个线程，避免锁竞争和线程切换。而后台任务如数据复制及 Checksum 扫描等，为避免阻塞前端 I/O，采用独立的后台线程进行处理和 I/O 流控。需要读写 I/O 时，则切换到对应前端 I/O 线程处理。

为了实现从读 / 写请求的网络数据收发到 I/O 关键路径的处理在同一个线程中完成，飞天盘古在创建块数据时就建立了处理该块数据的网络及 I/O 线程的绑定关系。在每个块数据创建的同时，都由飞天盘古元数据服务节点分配所属的数据存储节点及其上的单机存储引擎。在块数据读 / 写时，将该块数据的读 / 写请求发往该数据存储节点上的特定线程。块数据读 / 写请求过程中的网络数据收发、软件协议栈处理及 I/O 落盘均在该线程中完成。

在客户端，通过 HASH 函数建立文件与 I/O 线程池的映射关系。将一到多个文件映射到一个线程，由该线程处理对应文件的读写 I/O 请求。一个文件的 I/O 读写请求在同一个线程处理，避免锁竞争和线程切换。在 I/O 请求处理的过程中，采用数据指针进行操作，并不访问数据内容，避免频繁的内存分配与拷贝。利用一系列优化技术，降低软件栈的开销。

3. 轮询模式

RDMA 和用户态存储引擎均提供了用户态驱动的轮询机制，采用 Busy Polling 模式解决因海量中断处理等引入的性能开销大的问题。I/O 线程在每轮轮询中，处理网络 I/O 事件和用户态存储引擎异步 I/O 事件。

Busy Polling 模式的坏处是 CPU 占用高，即使在没有 I/O 请求的情况下，Polling 线程的 CPU 利用率也是 100%。为此，飞天盘古实现了 Busy Polling 模式与 Event Driven 模式的互相切换。网卡支持对特定消息触发 fd 唤醒。在唤醒前，处于 Event Driven 模式。直到被唤醒后，关闭网卡的唤醒功能，开始启用 Busy Polling 模式。轮询一段时间没有 I/O 请求，则关闭轮询，开启唤醒功能。在无 I/O 请求或低 IOPS 的情况下采用 Event Driven 模式，高 IOPS 情况下采用 Busy Polling 模式。通过两种模式的互相切换，减少 CPU 占用。

作为一个通用、共享的分布式存储系统，飞天盘古用（Virtual I/O）需要满足各类差异较大的业务场景的性能隔离及 SLA 需求。通过自研的 QoS 体系控制集群的存储 I/O 及网络带宽两类资源，实现全集群的资源分配和调度。

为方便 I/O 资源的分配和调度，飞天盘古用 VIO（Virtual I/O）对磁盘和 I/O 开销进行了数字化模拟。在这个模型下，存储介质和 I/O 请求按照读写类型、大小等因素会被归一化处理成 VIO。存储介质基于一定读/写延时预期的约束，提供 VIOPS（Virtual I/O Operations Per Second）总量。不同存储介质的 VIOPS 总量和 I/O 归一化方式，称为存储介质的性能模型。单机存储引擎在接入某种介质时，便提供该介质的性能模型及基于 VIOPS 的优先级调度。集群 VIOPS 总量为集群中所有存储介质 VIOPS 的总和。

分布式文件层定义五个 I/O 优先级：P0（Critical）、P1（Latency Sensitive）、P2（Throughput Sensitive）、P3（Best Effort）、P4（Scavenger）。对文件层的上层业务，飞天盘古 QoS 用 Service ID 进行标识，并对每个优先级的 I/O 分配一定 VIOPS 的绝对值；每个 Service 会产生多种类型的 I/O 流，每种 I/O 流称为 Flow，用 Flow ID 标识。例如，对象存储的前端写入 I/O 流和 GC 写入 I/O 流是两个不同的 Flow，飞天盘古为每个 Flow 分配一个优先级、权重，并且基于优先级为该 Flow 分配一定量的 VIOPS。Flow 的权重用于某一优先级，剩余 VIOPS 在 Flow 间分配比例。因此，每一路业务流用 "<Service ID，Flow ID，Weight，Priority，VIOPS>" 五元组进行描述，用户请求均映射到一个五元组。元数据服务节点基于全局信息动态调控每路 Flow 的 VIOPS，而在单机存储引擎基于五元组进行 I/O 调度。

3.2 分布式锁服务

在分布式系统中，通常会采用分布式锁（Distributed Lock Manager，DLM）来解决共享资源的互斥访问。在阿里云存储的应用场景中，分布式锁服务主要提供一致性、分布式锁、消息通知等服务来保证存储系统的稳定性和可靠性。采用两层架构：前端是实现分流效果的前端机，后端是维护一致性的功能模块。

前端机的负载均衡主要实现两个功能：第一，负责维护众多客户端的长连接通信，从而保证把客户端请求均衡到后端；第二，向客户端隐藏后端的切换过程，同时提供高效的消息通知功能。

后端由多个服务器组成 Paxos 组，形成一致性协议核心。对于客户端提供的资源（文件、锁等），在后端都有各自归属的 Paxos 组仲裁，它采用 Paxos 分布式一致性协议进行同步，保证资源的一致性和持久化。为了提供更好的扩展能力，后端提供了多个 Paxos 组。通过多 VIP 冗余、前端机透明切换、冗余的一致性仲裁 Paxos 组，实现故障时的快速切换，从而在协调一致性的同时提供高可用性。

3.2.1 从单机锁到分布式锁

在单机环境中，当共享资源自身无法提供互斥能力的时候，为了防止多线程/多进程对共享资源的同时读写访问造成的数据破坏，就需要一个由第三方提供的互斥能力，这里的"第三方"往往是内核或者提供互斥能力的类库。如图 3-8 所示，进程首先从内核（类库）获取一把互斥锁，拿到锁的进程就可以排他性地访问共享资源。演化到分布式环境，就需要一个提供同样功能的分布式服务，不同的物理机通过该服务获取一把锁，获取锁的物理机就可以排他性地访问共享资源，这样的服务统称为分布式锁服务，锁也就叫分布式锁。

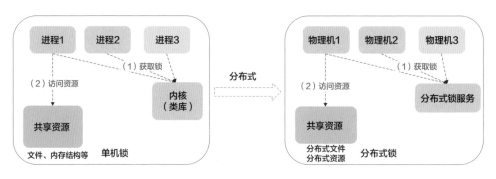

图 3-8 从单机锁到分布式锁

1. 分布式锁的概念

由此抽象一下锁的概念。首先，锁应当是一个资源，这个资源能够提供并发控制，并输出一个排他性的状态，也就是：锁 = 资源 + 并发控制 + 所有权展示。

以常见的单机锁为例：

- Spinlock =Bool + CAS
- Mutex=Bool + CAS + 通知

如上总结，锁的三要素包括资源、并发控制及所有权展示。以锁的某种具体实现为例，Spinlock 和 Mutex 的资源指令执行都是 Bool，通过原子的 CAS（Compare And Set）指令实现并发控制。根据 CAS 指令执行结果展示锁的所有权：成功的话则表明持有了锁，失败的话则表明未能持锁。这里着重说明一下，如果缺乏所有权展示这个要素的话（例如原子操作类 Atomic Integer，也是通过资源 Interger+ CAS 实现的），那么就不会明确地展示所有权，因此也就不会被视为一种锁。

单机环境下，内核具备"上帝视角"，能够知道进程的存活，当进程挂掉的时候可以将该进程持有的锁资源释放。但发展到分布式环境，这就变成了一个挑战。为了应对各种机器故障的问题，需要给锁提供一个新的特性：可用性。

如图 3-9 所示，任何提供三个特性的服务都是分布式锁，资源可以是文件、KV 等，通过创建文件、KV 等原子操作，用创建成功的结果来表明所有权的归属，同时借助 TTL 或者会话来保证锁的可用性。

图 3-9 分布式锁的三个特性

2. 分布式锁的系统分类

根据锁资源本身的安全性，可以将分布式锁分为两个阵营。

- 基于异步复制的分布式系统，例如 MySQL、Tair、Redis 等；

● 基于 Paxos 协议的分布式一致性系统，例如 Zookeeper、Etcd、Consul 等。

基于异步复制的分布式系统，存在数据丢失（丢锁）的风险，不够安全，往往通过 TTL 的机制来承担细粒度的锁服务。该系统接入简单，适用于对时间很敏感、期望设置一个较短的有效期、执行短期任务且丢锁对业务影响相对可控的服务。

基于 Paxos 协议的分布式一致性系统，通过一致性协议保证数据的多副本，数据安全性高，往往通过租约（会话）的机制来承担粗粒度的锁服务。该系统有一定的门槛，适用于对安全性很敏感、希望长期持有锁且不期望发生丢锁现象的服务。

3.2.2　云存储的分布式锁

阿里云存储提供了完整的分布式锁解决方案，且提供了多种语言的软件开发服务包（Software Development Kit，SDK）选择，甚至是 RESTful 集成方案。在长期的实践过程中，在提升使用锁的正确性、可用性和切换效率方面积累较多的经验。

1. 严格互斥性

互斥性作为分布式锁最基本的要求，对用户而言就是不能出现"一锁多占"的情况。那么存储分布式锁是如何避免该情况的呢？答案是：在锁服务中，每把锁都和唯一的会话绑定，客户端通过定期发送心跳来保证会话的有效性，也就保证了锁的拥有权。当心跳不能维持时,会话连同关联的锁节点都会被释放,锁节点就可以被重新抢占。这里有一个关键的地方，就是如何保证客户端和锁服务的同步，在锁服务会话过期的时候，让客户端也能感知。如图 3-10 所示，客户端和锁服务都维护了会话的有效时间。客户端从心跳发送时刻（S0）开始计时，锁服务从收到请求（S1）开始计时，这样就能保证客户端会先于锁服务过期。用户在创建锁之后，核心工作线程在进行核心操作之前可以判断是否有足够的有效期，同时不再依赖墙上时间（机器上的时钟时间），而基于系统时钟对时间进行判断。系统时钟更加精确，且不会向前或者向后移动（毫秒级误差，同时在 NTP 跳变的场景，最多会修改时钟的速率）。

在分布式锁的互斥性上，还是存在一种情况，在这一情况下，业务基于分布式锁服务的访问互斥会被破坏。如图 3-11 所示，客户端尝试在时间点 S0 去抢锁，锁服务于时间点 S1 在后端抢锁成功，因此也产生了一个分布式锁的有效期窗口。在有效期窗口内，时间点 S2 做了一个访问存储的操作，然后在时间点 S3 判断锁的有效期依旧成立，继续执行访问存储操作，结果这个操作耗时良久，超过了分布式锁的过期时间。那么这个时候，分布式锁可能已经被其他客户端抢占成功，进而出现两个客户端同时操作同一批数据的情况，这种情况虽然发生概率很小但却是存在的。

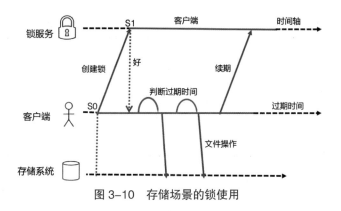

图 3–10　存储场景的锁使用

针对这种情况，具体的应对方案是在操作数据的时候确保有锁的有效期窗口足够长。当然如果业务本身提供回滚机制的话，那么方案就更加完备。该方案也在存储产品使用分布式锁的过程中被采用。

Redis 为了防止出现异步复制导致的锁丢失的问题，引入了 Redlock。该方案引入了多数派的机制，需要获得多数派的锁，最大程度地保证了数据的可用性和正确性，但仍然有两个问题：

- 墙上时间的不可靠（NTP 时间）；
- 异构系统无法做到严格的正确性。

墙上时间可以通过非墙上时间（Monotic Time）来解决（Redis 目前仍然依赖墙上时间），但是资源访问缺乏严格意义上的完全互斥的防护，这一问题难以解决。如图 3-12 所示，客户端 1 获取了锁，在操作数据的时候发生了垃圾回收，在垃圾回收完成的时候丢失了锁的所有权，造成了数据不一致。

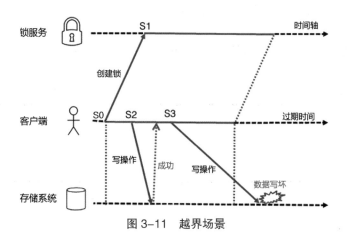

图 3–11　越界场景

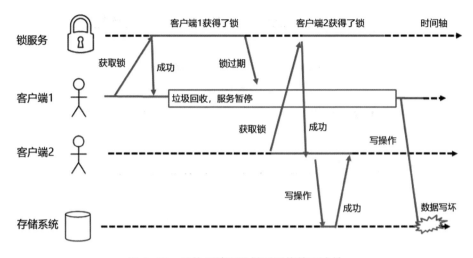

图 3-12　异构系统无法做到严格的正确性

因此，需要两个系统同时协作来完成一个完全正确的互斥访问，就要在存储系统引入 I/O Fence 能力，如图 3-13 所示，全局锁服务提供全局自增的令牌，客户端 1 拿到锁返回的令牌是 33，并带入存储系统，发生垃圾回收，服务暂停。当客户端 2 抢锁成功返回令牌 34，带入存储系统时，存储系统会拒绝令牌较小的请求。那么经过了长时间垃圾回收重新恢复后的客户端 1 再次写入数据的时候，因为存储层记录的令牌已经更新，携带令牌值为 33 的请求将被直接拒绝，从而达到了数据保护的效果。

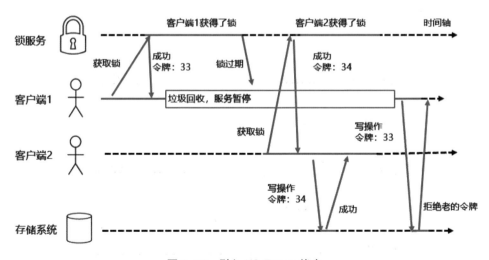

图 3-13　引入 I/O Fence 能力

以上，就是飞天盘古的设计思路。飞天盘古支持了类似 I/O Fence 的写保护能力，引入 Inline File 的文件类型，配合 Seal File 操作。首先，Seal File 操作用来关闭已经打开的飞天盘古的存储节点上面的文件，防止旧的锁拥有者继续写数据；其次，Inline File 可以防止旧的锁拥有者打开新的文件。这两个功能事实上也提供了存储系统中的令牌支持。

2. 可用性

存储分布式锁通过持续心跳来保证锁的健壮性，让用户不用投入很多精力去关注可用性，但也可能有异常的用户进程持续占据锁。针对该场景，为了保证锁最终可以被调度，可以安全释放锁的会话加黑机制应运而生。

当用户需要将发生假死的进程持有的锁释放时，可以查询会话信息，并将会话加黑，此后，将不能正常维护心跳，最终导致会话过期，锁节点被安全释放。这里不强制删除锁，而选择禁用心跳的原因主要有两个：第一，删除锁操作本身不安全，如果锁已经被其他人正常抢占，此时删锁请求会产生误删除；第二，删除锁后，持有锁的人会话依然正常，它仍然认为自己持有锁，会打破锁的互斥性原则。

3. 切换效率

当进程持有的锁需要被重新调度时，持有者可以主动删除锁节点。但当持有者发生异常（比如进程重启、机器宕机等），要重新抢占新的进程，就需要等待原先的会话过期后，才有机会抢占成功。默认情况下，分布式锁使用的会话生命期为数十秒，若持有锁的进程意外退出后（未主动释放锁），则需要经过很长时间锁节点才可以被再次抢占，如图 3-14 所示。

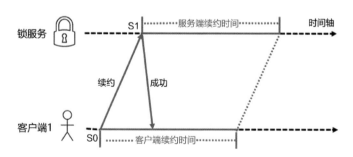

图 3-14 客户端和服务各自维护过期时间

要提升切换精度，本质上就是要压缩会话的生命周期，同时还要维护锁的健壮性。因此，一方面客户端与服务端之间需要心跳频率更快；另一方面服务端的故障恢复窗口也需要进一步减小。同时，结合具体的业务场景采取相应措施，例如，守护进程发现锁持有进程挂掉时，可用锁的 CAS 释放操作，使得进程零等待进行抢锁。再例如，利用在锁节点中存放进程的唯一标识，强制释放已经不再使用的锁，并重新争抢，以彻底免掉进程升级或意外重启后抢锁需要的等待时间。

分布式锁提供了分布式环境下共享资源的互斥访问，业务依赖分布式锁追求效率提升，或者访问的绝对互斥。同时，在接入分布式锁服务的过程中，要考虑接入成本、服务可靠性、分布式锁切换精度及正确性等问题。这些问题都是正确和合理地使用分布式锁，需要持续思考并予以优化的。

3.3　高性能网络服务框架

分布式存储系统使用大规模集群来提供高性能、高可用、可扩展的数据服务。随着集群规模扩大、高性能存储介质的引入，分布式存储系统的性能和可用性越来越依赖于节点间高速可靠的数据传输能力，可以说，存储和网络相辅相成，一套融合的网络架构对于存储来说也至关重要。

3.3.1　网络服务面临的挑战

数据中心内网络主要面临两方面的挑战，如图 3-15 所示。

首先是复杂拓扑的链路网络。网络不单是两个节点上的数据传输，还包含节点间复杂的网络拓扑。随着集群规模扩大，以及分布式系统对节点更灵活的部署要求，数据中心内的网络拓扑复杂度也日益增加。有别于传统的网络框架将链路网络当做黑盒，飞天盘古存储高性能网络使用自研协议和 RDMA 网络，引入了对链路拓扑的感知能力：一方面用原生的多路径机制，来规避常态的链路故障，以达到毫秒级的可用能力；另一方面在突发、流量混部下以端网融合的拥塞控制和流控算法来给应用提供更好的SLA。

其次是不破不立的主机网络。数据到达节点后，距离最终的用户内存、存储介质，还需要经过一段硬件、软件混合的主机网络栈。主机网络栈为数据附加了可靠性，保障了数据传输的"最后一公里"，并为应用提供了清晰易用的语义接口。

在经典的网络框架里，主机网络栈自下而上包括网卡、DDR、内核网络（Kernel）、RPC 和 SSD，分层解耦的思想为每层提供了清晰的定义，但也不可避免地引入了多余的数据移动。在通常负载的数据中心里，主机网络里的内存、内核网络、RPC 等的CPU 消耗，已经达到了总 CPU 消耗的一半以上。

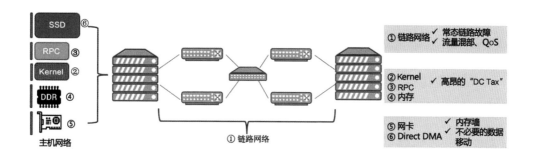

图 3-15 数据中心内网络的挑战

近些年，在网卡性能快速发展，从万兆、25 Gbps 到 100 Gbps，通用 CPU 进入后摩尔时代的这个背景下，传统主机网络基于通用 CPU 的演进，走上了不破不立之路。

3.3.2 云存储的高性能网络服务

高性能网络服务框架为分布式系统提供了端到端且高效稳定的网络服务，是飞天核心基础模块之一（其架构如图 3-16 所示），从 2008 年开始自主研发至今，在业务需求和硬件迭代双轮驱动下，已经演进到了第五代。从早期基于经典内核，提供基础的互通能力、解决 C10K（指服务器同时支持成上万个客户端）问题，到现在融合存储需求和网卡硬件，提供微秒级低延时、百 GB 高吞吐、毫秒级可用的网络能力。

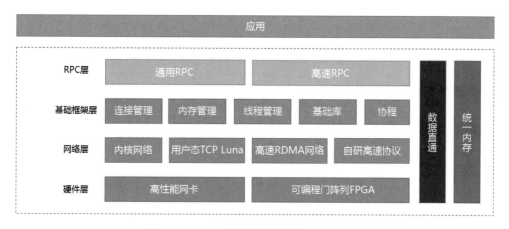

图 3-16 飞天盘古存储高性能网络的架构

飞天盘古存储高性能网络融合主机网络分层、协同高速网卡和通用 CPU 来满足应用的灵活性需求和释放高性能网卡的硬件红利。具体包括：

- 旁路内核独立管理 CPU、内存资源，以提供最适合应用的资源。
- 对应用保持清晰易用的 RPC 语义。
- 统一内存，使用自研协议和 RDMA 网络来利用网卡直写数据，保持最小的数据移动，释放最大的硬件红利。

在分层上，自上而下的是 RPC 层、基础框架层、网络层、硬件层，以带来松耦合的好处。在融合方面，数据直通和统一内存两个子系统作为贯穿层融合在每一层中间，通过紧耦合获得极致的性能收益。

1. RPC 层

为了满足不同的业务需求，飞天盘古存储高性能网络提供了多种 RPC 实现，其中最重要的两个是灵活易用的 ERPC 和有极致性能的 SRPC。

ERPC 是一个基于飞天盘古存储高性能网络自研基础框架 Easy 和开源的 Google Protobuf 实现的经典 C++ RPC 框架，为应用提供点到点的远程过程调用。ERPC 提供更便捷的开发模式，对接 Easy，提供 Easy 层面需要的回调函数，如编码、解码、处理，同时封装 Protobuf 的序列化和反序列化，更高效地利用网络带宽，将数据包统一封装，让应用只关注业务逻辑。

图 3-17 展示了 ERPC 请求的发起端。在 ERPC 报文中，头部主要包括标志位（Flags）、请求序号（Id）和数据长度（Datalen）等；RPC 控制器字段是应用层和 ERPC 网络层的交互，请求中指定要访问的方法（Method）、超时时间（Timeout）等。之后是应用层请求，使用标准的 Protobuf 对不同字段进行序列化，其中 ERPC 引入原始数据（raw_string）来做无拷贝序列化。每个 RPC 带 CRC，用于在服务端校验 RPC 在网络传输过程中是否发生异常。

序列化后的消息通过 RPC 通道（Channel）下发给网络，其中每个通道对应一条 Easy 管理的连接，多个通道可以对应多条连接。响应则使用 RPC 闭包字段来传递给应用层。

相比和传统开源 RPC 框架近似的 ERPC，追求极致性能的 SRPC 以更耦合的方式来换取性能。

SRPC 打通飞天盘古存储高性能网络的基础框架层、自研协议传输层，确保数据从网卡传上来后，可以被 CPU 一次性处理完，做到彻底的 Run to Complete。此外，由于打通分层，可以保证一件事在整个系统里只做一次，例如传统 RPC 中的流控，轻易地与传输层的流控统一；而传输层的拆合包逻辑，也能和 RPC 层的拆合包融合在一起。

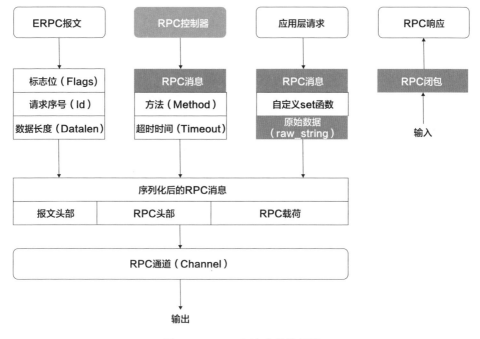

图 3-17　ERPC 请求的发起端

对应用来说，SRPC 提供更简单的纯 C 语言实现的 API，由应用分配内存传入 SRPC API，确保 SRPC 像 C 语言一样没有因意料外的内存分配 / 释放而带来的额外性能损耗。尽管精炼的 API 导致一些使用上的不便，但 SRPC 还是被广泛地使用在对性能有微秒级要求的存储应用中。

2. 基础框架层

飞天盘古存储高性能网络自研基础框架层——Easy，提供内存管理、任务调度、连接管理、事件循环等重要功能。无论是上层应用还是飞天盘古存储高性能网络自身的其他模块，本质上都在提供具体的函数，这些函数统一由 Easy 来驱动运行。Easy 使用一个线程一个循环（One Thread One Loop）的 I/O 模型。在内核网络时代，Easy I/O 线程基于 Epoll 来做事件驱动；进入用户态时代后，Easy I/O 线程使用用户态网络 RDMA 的 Polling 函数获取数据，生成用户态事件，并触发用户态 Epoll。一个 I/O 线程处理连接里的所有任务，如建连、读写、定时器管理等，如图 3-18 所示。

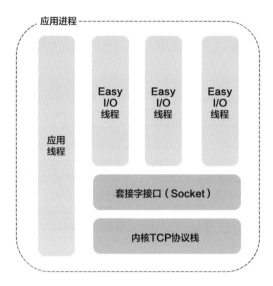

图 3-18　Easy I/O 线程

Easy I/O 线程提供多种事件驱动扫描程序（Watcher），最常用的是管理文件描述符读写事件的 I/O Watcher、Async Watcher、Timer Watcher、Polling Watcher。I/O Watcher 管理每个连接的读写事件，由内核来唤醒连接进行读写操作；Async Watcher 基于管线的唤醒，用于线程间的异步唤醒；Timer Watcher 管理线程上的定时任务；Polling Watcher 管理线程上不依赖内核唤醒的主动选举事件回调。

图 3-19 是 Easy I/O 的收发简易流程图。当应用层准备好请求 easy_session，将其分发到 I/O 线程，由 I/O 线程去发送，第一次发送需要建立连接。每个请求都有一个唯一的 PacketID，在编码时生成。编码对象可以是未经过处理的数据，也可以是序列化后的数据。这个是应用层回调函数，由应用层编码数据包。编码完成后，I/O 线程通过 Write 接口发给协议栈。

对于读逻辑，内核 / 用户态 TCP 连接将收到的保序数据唤醒 I/O 线程从文件描述符里读取。一次读取可能获取很多个请求，需要依次解码出完整的请求，并通过头部的 PacketID 与应用层的请求一一对应。最后在处理回调函数时将响应交给应用层。

在整个 I/O 路径上，Easy 提供多个回调函数给应用层，这些回调函数将 Easy 的连接与应用层逻辑联系起来，如编解码、处理及建连完成、断连。

Easy 提供的协程能让同步的编程方式享受接近异步的性能。在同步逻辑中，时常会调用阻塞操作，如自旋锁（Spinlock）、Wait、time_wait、Sleep 等，那么引入协程就能让线程不再阻塞，可提升性能。

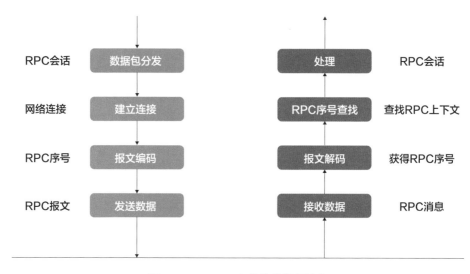

RPC会话	数据包分发		处理	RPC会话
网络连接	建立连接		RPC序号查找	查找RPC上下文
RPC序号	报文编码		报文解码	获得RPC序号
RPC报文	发送数据		接收数据	RPC消息

图 3-19 Easy I/O 的收发简易流程

用户使用协程是通过提交一个协程类型的任务到 Easy 的线程池。在协程运行过程中，使用 Easy 提供的协程锁来替换之前的阻塞操作，如 easy_comutex_lock、easy_comutex_cond_wait 等。线程在协程锁内保存当前的上下文后，会切换到 epoll_wait，然后可以继续响应事件驱动。

当 epoll_wait 中的另一个任务执行解锁操作时，线程可以恢复之前保存的上下文信息，回到之前的逻辑继续往下执行，进而避免线程阻塞。

Easy 除了提供网络服务，还有丰富的通用接口，例如锁相关的原子操作、自旋锁、读写锁、线程池、内存池、双向链表、哈希表、定时器等常用数据结构。

3. 网络层和硬件层

传统的 RPC 通信服务基于内核 TCP，频繁的中断、上下文切换、内存拷贝等开销已无法满足系统的低延时、高吞吐等性能要求。用户态网络框架如 DPDK、Netmap 等在用户态空间直接处理网卡报文，将网络处理开销做到极致。而 RDMA 等技术更是将报文的处理和数据搬移卸载到了专有网卡上，并将 CPU 旁路，进一步提升了性能。

飞天盘古存储高性能网络有自研的用户态 TCP ——Luna，用于存储接入层，用 TCP 的通用性、用户态的灵活性满足存储业务接入层到服务层高可扩展、部署灵活、网络复杂等需求。同时飞天盘古存储高性能网络也提供了 RDMA，用于存储的中心层。通常来说，存储的数据中心内部，部署环境相对单纯可控，对网络延时又有极高的要求。此外，经过近几年的线上实践，飞天盘古存储高性能网络还研发上线了新一代自研协议——Solar，既能满足业务弹性的诉求，又能结合自研硬件达到近RDMA的性能，满足下一代存储业务的需求。

（1）用户态 TCP —— Luna

Luna 是基于 DPDK 实现的用户态协议栈，通过实现用户态的 TCP 协议、用户态的 Socket 接口、用户态的 Epoll 实现，做到彻底的核间无共享资源（Share-nothing），数据链路上尽量无 I/O 等待（Run to Complete），减少缓存未命中。

图 3-20 所示的是 Luna 和内核 TCP 在进程上的对比。通过在网卡上配置分流规则，实现内核 TCP 流量和用户态 TCP 流量的分流。Luna 使用 DPDK 在特定队列上收取用户态 TCP 流量，经过用户态 TCP 协议栈处理，通过 Socket 接口将数据传递到 ERPC 上，RPC 层完成解包后交给应用。Luna 只关注 TCP 流量，而不处理三层、两层网络协议报文，其所依赖的路由、ARP、网卡状态等则复用内核维护的信息。

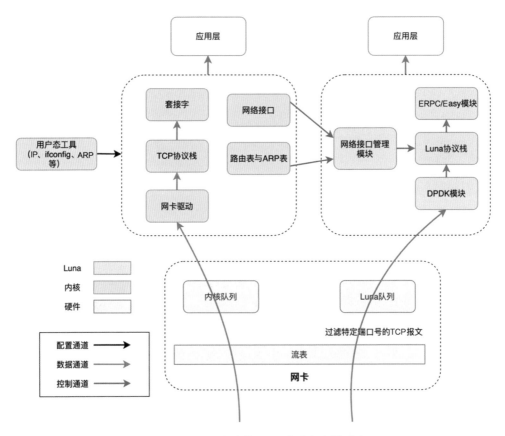

图 3-20 Luna 和内核 TCP 在进程上的对比

Luna 网络库的线程之间完全独立，使用的连接、文件描述符、内存等资源在线程内维护，核间不共享、不传递，网络报文从 DPDK 收取 I/O 线程后，只在当前线程以 Run to Complete 模式传递到应用层，不涉及跨线程、锁等操作，旁路内核态逻辑。

Luna 的延时在相同压力下，比内核 TCP 降低了 50% 以上，尤其在短连接的场景，RPS 更是有几倍的提升。此外，由于 Luna 实现在用户态，为后续数据直通带来了内存零搬移，使吞吐有了量级提升。

（2）自研高性能网络协议 Solar

在硬件红利不断消失、应用的性能要求又不断被提高的背景下，已经无法向新一代的 CPU、内存要"免费午餐"，飞天盘古存储高性能网络的创新只能在重新审视系统架构和业务需求中追求。

无论是 Luna 还是 RDMA 都没有彻底解决链路故障后对业务造成的流量跌零、抖动的问题，这和两者均基于 RRC 的模型有关。应用和链路网络原先有着很好的分层，因此应用很难根据链路信息做出反应。

此外，新一代异构架构层出不穷，通过专用硬件加速应用业务逻辑成为性能提升的必经之路。业务逻辑通常可以简化为一个网络代理，数据从网络而来，业务处理完后，数据又从网络而去。网络作为最贴近硬件的分层，先于业务逻辑在专用硬件上实现，为业务进一步卸载到专用硬件上做铺垫，成为另一个关键目标。

自研高性能网络——Solar 就是在这样的背景下应运而生的。Solar 做到了以下几点：

- 通过 RD 简化协议栈，以便使用全硬件，极大提升性能。
- 通过多路径实现了链路故障毫秒级影响。
- 引入阿里自研的拥塞控制算法，降低长尾延时。
- 支持存储直通的拆合包逻辑，让 Solar 报文自带存储的元信息。

数据无意义搬移是性能下降的万恶之源。如前提到的，主机网络的主要目的是将数据正确、高效地"搬"到目的地（通常是用户内存或者存储介质），在软件、内核、硬件全链路中减少搬运次数，就是提升性能的核心路径。

飞天盘古存储高性能网络在 SRPC、Solar 中实现了减少分层、耦合的设计思想。而在分层间，飞天盘古存储高性能网络通过统一内存 zbuf（零拷贝协议）的设计来贯穿不同分层，让不同分层使用相同的内存。其中，无须真正处理数据的，如 RPC 层，通过指针的方式来使用内存；需要真正处理数据的，如 Solar，通过硬件卸载的方式来让硬件高效使用内存。做到 CPU 完全不碰内存，在一些特殊的异构内存的场景下，数据自始至终地都被存放在 CPU 无法读写的内存上，做到彻底的旁路慢速 CPU。

统一内存 zbuf 主要实现了两个功能。

（1）统一的内存管理

zbuf 对应用提供了经典的 malloc/free 方法。在 zbuf 内，管理了堆上内存、大页内存，通过大页内存来满足用户态协议栈、RDMA 的数据存储器直接访问需求。此外，zbuf 还支持内存接入功能，方便在异构场景下，把系统外的内存纳入管理，这部分内存不参与读写，但管理这部分内存的元数据信息被保存在 zbuf 的内存中。

（2）内存跨实例的生命周期管理

除跨分层如应用和飞天盘古存储高性能网络之间外，zbuf 还需要支持跨进程、跨硬件的内存生命周期管理。这和所有控制路径都依旧在 CPU 中实现是分不开的。

通过 zbuf 贯穿飞天盘古存储高性能网络各模块及应用，促成应用在异构环境下有吞吐量 130% 的提升，让存储服务进入真正的 CPU 旁路及用好异构架构的时代。

3.4 键值存储系统

分布式存储系统数据的大部分都是非结构化的、规模较大，为了保证系统的扩展性、可靠性和可用性，需将数据分片后冗余存储在集群的多个节点上。按记录主键划分数据是数据分片的主要方式。通过路由信息，快速访问指定数据分片。在这个过程中，键值存储（Key Value，KV）系统将数据有效地组织起来，向上提供数据查询功能，向下保证数据的高可用，是分布式存储的中流砥柱。

3.4.1 键值存储系统架构的演变

1. 键值存储系统的典型架构

键值存储系统有两大典型架构：中心化架构和去中心化架构，分别以 Big Table 和 Dynamo 为代表。例如，Big Table 使用了带有主节点的架构来维护整个系统中的元数据，包括节点的位置等信息；而 Dynamo 的实现不同于这些中心化的分布式服务，在 Dynamo 中，所有的节点都有着完全相同的职责，会对外界提供同样的服务。

（1）中心化架构

如图 3-21 所示。

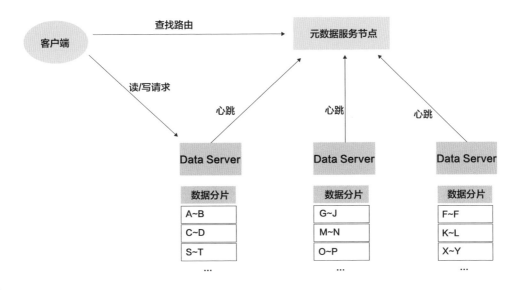

图 3-21 中心化架构

数据分片：带有主节点的架构，以表格为单位组织数据，每个表上的数据按照主键排序。一个分片包含表的一个主键范围，每个计算节点可包含多个分片。分片的路由信息，由元数据服务节点维护。

一致性：数据写入所有副本后返回客户端，保证强一致，支持根据主键的 CRUD 及范围查找。

扩容和均衡：数据按范围有序分片。在节点负载高时，分片可以水平迁移至其他节点。在热点出现时，分区基于键（Key）范围分裂，将请求由两个分片来搭配负载均衡，扩展灵活性更高。扩容完成后，数据存储节点将分片信息上报至中心节点，即元数据服务节点更新分片路由信息。

（2）去中心化架构

去中心化架构可以看作哈希表的持久化实现，如图 3-22 所示。通过一致性哈希机制将数据项以键（Key）和值（Value）的形式分片到不同的数据节点。元信息在每个节点均存储，发生改变时通过 Gossip 协议来同步数据。

Dynamo 可以提供强一致。假设副本数为 N，Dynamo 允许配置读写副本数 R/W 调整性能。每次同时向所有副本发起读/写请求，直到 R 个读/W 个写成功，就向客户端返回数据。当 $W+R>N$，在正常情况下可以保证强一致。内部采用向量时钟来获取最新版本数据。

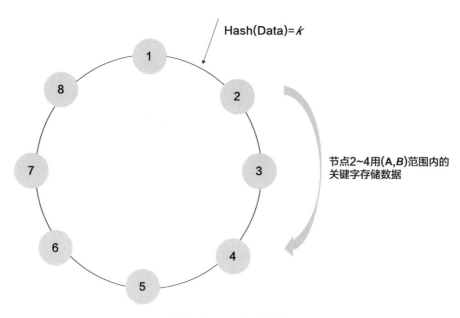

图 3-22　去中心化架构

DHT 环按照键的哈希值存储数据。扩容需要先增加节点，再实现数据的均匀分布。

理论上，哈希环中加入一个新节点，如果想保持数据均匀分布的特性，那么必须移动全环的数据，这样无疑增加了网络震荡。最理想的方式是在环内每个点都进行扩容，这样就只需要移动旁边节点的数据。

为了减少这种网络震荡，Dynamo 在初期将哈希环划分为多个等份，物理节点划分为多个虚拟节点，每个虚拟节点管理几个等份。如果需要扩容，则将新增的多个虚拟节点均匀地加入环中，接管一部分等份。这种情况下，数据迁移只影响到邻近的几个虚拟节点。这样就需要在集群搭建的时候先估算集群容量，再估算等份，便于扩展。

2. 键值存储系统典型引擎

（1）B+ 树存储

B+ 树在 MySQL 里就是用来做索引结构的，按照页面（Page）来组织数据，每个页面对应 B+ 树的一个节点。其中，叶子节点保存每行的完整数据，非叶子节点保存索引信息。数据在每个节点中有序存储，数据库查询时需要从根节点开始二分查找，直至叶子节点。每次读取一个节点，如果对应的页面不在内存中，就要从磁盘中读取并缓存起来。B+ 树的根节点是常驻内存的，因此，B+ 树一次检索最多需要 h-1 次磁盘 I/O，复杂度为 $O(h)=O(\log dN)$。

B+ 树存储引擎不仅支持随机读取，还支持范围扫描。MySQL InnoDB 便是 B+ 树存储。不过 B+ 树在写入和修改的过程中，需要先寻址到指定页，再进行单个数据更新操作。这种存储引擎适合写少读多的场景。

（2）LSM 树存储

LSM（Log Structured Merge Tree）树存储，通过消除随机的本地更新操作，把磁盘随机写操作变为顺序写操作，从而得到更好的写操作吞吐。采用这个存储引擎的有 HBase、 Cassandra 和 LevelDB，如图 3-23 所示。LSM 树的设计思想非常朴素，将对数据的修改增量保持在内存中，达到指定的大小限制后将这些修改操作批量写入磁盘。文件是不可修改的，它们永远不会被更新，新的更新操作只会写到新的文件中。读操作会依次从最新的文件查找，通过周期性地压缩（Compaction）这些文件来减少文件个数，所以写入性能大大提升。读取时要先看是否命中内存，要不就得访问较多的磁盘文件。LSM 树能够大幅提高写性能，适合写多读少的场景。

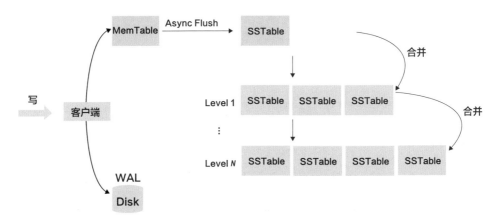

图 3-23　LSM 树存储引擎

3.4.2　阿里云键值存储系统

结合不同架构和存储引擎特性，阿里云存储选择了中心化架构，并在此基础上不断优化。经过多年的锤炼，管理数据规模达到 EB 级，故障切换达到秒级，数据可靠性达到"12 个 9"。阿里云键值存储系统底层运用的数据存储架构是基于 LSM（Linux Security Modules）存储架构设计的，具有高并发性、高稳定性的特点，并运用 LSM 树存储引擎，在数据的合并，以及存储大数据单元的情况下进行了优化。

阿里云研发的基于 LSM 的键值存储系统，历经多年的业务打磨，在大规模集群下有非常深厚的技术积累，在 2014 年实现了多实例冗余的特性，把 KV 分解为由多个副本组成的分区组（Partition Group）。该分区组通过 Raft 协议选举出领导者节点对外提供服务，当领导者节点出现故障或网络分区时，能够快速选出新的领导者节点并接管该分区的服务，从而提升对象存储元数据服务的可用性。

存储系统承担着用户的核心数据，与业务系统交互频繁，一旦出故障，将直接影响业务系统的运行状态，甚至引发数据完整性、安全性问题。而在大规模存储系统中，硬件故障将成为常态，对存储集群的负载均衡、数据冗余、系统重建和故障排除都有着较高要求。如何有效地避免故障和高效地管理、恢复故障就显得尤为重要。

阿里云存储规模达 EB 级，并且需要高速写入的能力。数据进行存储时，内容切片存储于底层飞天盘古系统中，而分片信息和文件信息则交由键值存储系统存储，并保持数据的强一致。

键值存储系统中存储数据内容较长，Key 对应的 Value 长度较长，单份读写流量较大。在此基础上，阿里云存储支持多版本特性，以及 List 等范围查询特性。通过分布式索引架构和底层存储引擎的对比，KV 选择的架构是中心化架构，以及 LSM 树存储引擎，如图 3-24 所示。

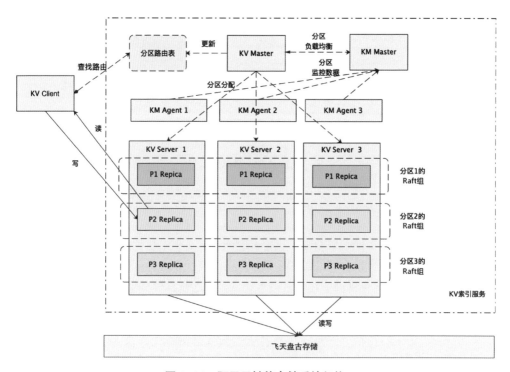

图 3-24　阿里云键值存储系统架构

键值存储系统架构主要由 KV 和 KM 两个子服务构成。

KV 包含 KV Master、KV Server、KV Client：

- KV Master：作为集群信息管理中心，维护分区组的路由表，配置变更下发到 KV Server。KV Master 本身是个 Raft 组，是一种主从模式。
- KV Server：作为数据节点，主要负责数据读写、数据整理及垃圾清理，同时监控运行状态，以及数据分片的分裂和合并等配置变更的实现。
- KV Client：作为和 KV Server 交互的客户端，主要负责与 KV Master 的交互，并且通过 RPC 协议连接 KV Server 进行数据读写，以及连接飞天盘古进行直读直写。

KM 包含 KM Agent 和 KM Master：

- KM Agent：和 KV Server 在同一个节点部署，负责收集和整理数据，并上报给 KM Master。
- KM Master：通过整理和汇总多个 KM Agent 的数据，来获得当前集群的负载情况，从而生成分区均衡策略，如分区分裂、分区合并和分区迁移。

1. 数据分片管理

数据按照 Key-Range 分片存储在 KV Server，分片路由信息由 KV Master 存储。KV Master 采用 Raft 协议实现一主多从组（Group）。同时 KV Client 缓存分区路由信息，并触发式更新路由信息，降低对中心节点的依赖。

2. 数据同步

数据分片维护于一个 Raft 组，领导者节点执行读 / 写请求，跟随者节点同步数据。一次写入将保证大多数节点生效。数据持久化时，写入底层飞天盘古，以三副本的形式存储，全部写成功再返回。因此，系统具有强一致性，数据采取一主多从方式复制。

3. 系统容灾

容灾从节点容灾和机房容灾两方面来保障。

- 节点容灾：若单数据节点出现故障，则从 KV Server 到 KV Master 的心跳将停止，同时分区的 Raft 组的其他分片将感知这一点。因此，分区的其他跟随者节点将发起新的选举，选取领导者后继续支持读写，而 KV Master 也将 KV Server 标记为 Dead Server 剔除掉。整个切换过程秒级完成。
- 机房容灾：作为高可用集群，支持异地多机房部署、多机房多机柜部署。若单一机房因为网络或自然灾难停止服务，则将利用 Raft 组切换领导者节点，在其他机房继续选取领导者节点提供访问。

4. 负载均衡

系统支持可配置的均衡计划，对热点、数据不均匀等场景提供自动负载均衡。通过迁移分区、分裂热点分区的方式均衡单节点、单分区的负载。

第 4 章
云存储的技术创新

为了满足不同业务场景的数据存储需求，云存储服务、云定义存储，以及云数据管理三大类产品（在飞天盘古存储架构之上）应运而生。本章将详细介绍这三大类产品背后的技术创新。

4.1 云存储服务技术创新

云存储服务打破了传统存储在使用弹性上的限制，采用存储即服务（STorage as a Service，STaaS）和按量付费的使用模式，在数据保护、数据共享、数据可靠性、服务可用性及数据一致性等方面有相应的技术创新。

4.1.1 快照技术的最新应用

云存储后端往往采用分布式存储架构。由于在分布式环境下缺少全局逻辑时钟，所以，要想在单云服务器、跨云服务器及 Kubernetes 环境下的单 POD 和跨节点的多云盘之间实现一致性组快照，并不容易。为了解决这一问题，云存储快照服务基于 I/O 定序算法和应用一致性等技术手段，统一备份数据格式，降低各种管理流程中所需的副本数量，消除备份软件之间数据格式兼容性的问题。

1. I/O 定序算法

目前，一致性组快照技术主要采取逻辑时钟的 I/O 定序算法，主动按照写 I/O 到达底层存储的顺序，采取 I/O 打标及定序，基于快照完成时刻点来确定快照中应该包含的 I/O 数据集合，如图 4-1 所示。

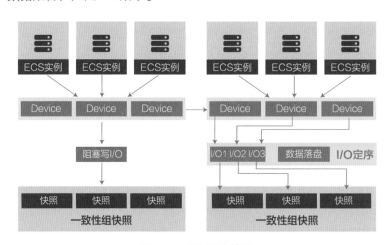

图 4-1 I/O 定序算法

相对于传统的方式，快照的定序过程不会阻止 I/O 写入过程，快照的生成过程采取写时重定向（Redirect-On-Write，ROW）的写入方式，后台数据集合引用生成过程对 I/O 链路无影响，使得快照对 I/O 性能的影响最小，并在数据库业务的读写场景中实现了 I/O 性能无损。

2. 应用一致性

ESSD 云盘快照数据的一致性类型主要分为崩溃一致性和应用一致性。崩溃一致性快照要求文件系统及应用程序具有宕机恢复能力，其特点是复原点目标低、业务影响小，但有以下问题，以致无法满足数据备份可靠性高及秒级复原时间目标的要求。

①原子性缺陷风险：文件系统及数据库应用事务原子性可能存在缺陷，实现起来有一定的难度。

②数据丢失风险：崩溃一致性快照不保证应用系统备份的一致性，同时，数据库日志重放也降低了应用的启动速度，容易导致数据丢失。

③生成时间长且对系统影响大：传统文件级物理备份方式及备份代理方式依赖于逻辑卷快照的生成，耗时长且对系统的影响大。备份代理需要安装内核驱动，兼容性差且维护成本高；文件备份过程需要读取数据，耗费系统 CPU 及 I/O 资源。

应用一致性快照与文件系统及应用程序联动，保证文件系统内存数据保存到云盘及数据库应用程序事务的一致性，从而提高了数据的安全性及一致性，避免了文件系统配置错误或因系统缺陷导致系统恢复后数据丢失而无法恢复的风险。与传统备份方式相比，应用一致性快照采取跨平台插件与专有一致性组件相结合的方式，仅在生成一致性时间点与应用互通，无增量数据生成及备份读写操作，基于文件系统内核及 Windows 操作系统上的卷映射拷贝服务（Volume Shadow Copy Service，VSS）机制实现快照期间 I/O 及应用事务的数据静默，提供云原生的无代理应用一致性快照，达到企业应用程序在存储快照中的数据一致性要求。其实现流程如图 4-2 所示。所采取的生成协议基于影响时长自动恢复 I/O 影响，快照一致性类型取决于创建协议的提交结果及应用状态，优化从上层应用到底层存储的链路长度及一致性组件性能，可根据业务要求做到文件系统一致性的秒级创建，以及应用一致性快照的分钟级间隔。

应用一致性快照是实现了跨操作系统平台的应用感知的存储级快照，简化了传统的整机备份方案，降低了其对虚拟机内部 I/O 的影响及部署维护的复杂性，加快了基于云原生备份服务的发展，不仅提高了快照数据的可靠性，还降低了数据恢复的复原时间目标。为数据备份及容器服务的应用保护方案提供核心的云原生应用一致性快照服务，为数据复制及连续性数据保护方案提供可靠的数据恢复点，从而满足线下用户上云的备份需求。

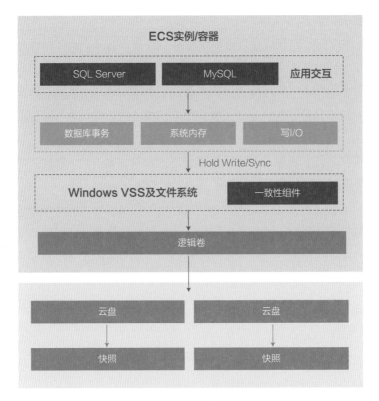

图 4-2 应用一致性快照实现流程

应用一致性快照框架（如图 4-3 所示）在一致性组快照的基础上实现单机保护，在一致性插件及一致性组件的交互过程中，为了确保 I/O 正确冻结、及时解冻及整个快照过程的完成，具备专有的超时保护机制、双向的专有握手（Handshake）协议，以及特有的高效通道机制，以保证快照在时间点的创建及时性、与存储快照的联动性和快照数据一致性。

为了满足功能需求，应用一致性快照框架引入云助手快照插件和应用一致性组件。

- 云助手快照插件：用于在快照过程中执行脚本，以更新快照创建进度、快照一致性结果，并与云助手服务框架的进程实现隔离。

- 应用一致性组件：用于实现虚拟机 GUEST 系统内部的应用通知、应用程序的事务提交完成及 I/O 冻结感知。针对 Linux 及 Windows 操作系统，快照的一致性组件的实现方式有所不同。为了降低应用一致性快照调用的时长对 I/O 的影响，除基于一致性组快照底层的并发创建外，还进一步降低了一致性组快照的查询延时。

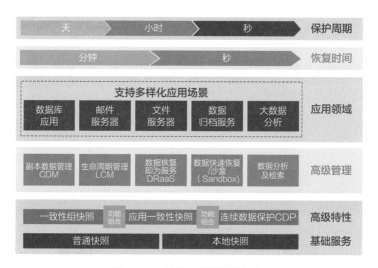

图4-3 应用一致性快照框架

4.1.2 共享块存储技术

共享块存储技术是基于NVMe持久预留（Persistent Reservation，PR）标准实现的，其多重挂载和I/O Fencing技术，可大幅降低存储成本，对Oracle RAC、SAP HANA等高可用数据库系统具有重要价值。

1. 多重挂载

多重挂载允许云盘被同时挂载到多台云服务器实例上，如图4-4所示，所有实例均可读写访问该云盘。通过多重挂载，多个节点间共享同一份数据，能有效地降低存储成本。当某单节点发生故障时，业务可以迅速切换到健康节点，该过程无须数据复制，为故障快速恢复提供了原子能力，如Oracle RAC、SAP HANA等高可用数据库均依赖该特性实现。需要留意的是，虽然共享存储提供了数据层的一致性和恢复能力，但若要达到最终业务的一致性，可能还需要对业务进行额外处理，如数据库的日志重放等。

通常情况下，单机文件系统不适合作为多重挂载的文件系统。为了加速文件访问，Ext4等文件系统会对数据和元数据进行缓存，无法把文件的修改信息及时同步到其他节点，从而导致多节点间数据的不一致。元数据的不同步，也会导致节点间对硬盘空间访问的冲突，从而引入数据错误。因此，多重挂载通常要配合集群文件系统使用，常见的有OCFS2、GFS2、GPFS、Veritas CFS、Oracle ACFS等，阿里云DBFS、PolarFS也具备该能力。多重挂载有自身无法解决的盲点，即权限管理。基于多重挂载的应用通常需要依赖集群管理系统来管理权限，如 Linux Pacemaker 等，在某些场景下，会因权限管理失效而导致严重问题。在高可用架构下，主实例发生异常后会切换到备实例，如果主实例处于假死状态（如网络分区、硬件故障等场景），那么它会错误地认为自己拥有写入权限，从而和备实例一起写脏数据。如何规避该风险？此时就需要 I/O Fencing 技术出场了。

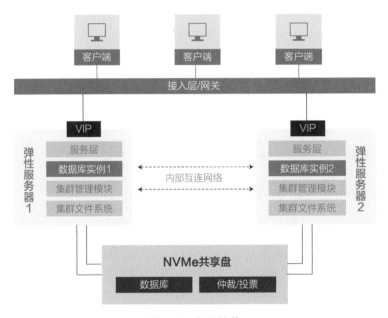

图 4-4　多重挂载

2. I/O Fencing 技术

解决脏数据写入的可选方案之一是终止原实例的在途请求，并拒绝新请求继续下发，确保旧数据不在写入后切换实例。基于该思路，传统的解决方案是"爆头机制"（Shoot The Other Node In The Head，STONITH），即通过远程重启该故障机器来防止旧数据落盘。不过该方案存在两个问题：首先，重启流程过长，业务切换较慢，通常会导致几十秒到分钟级的业务停止；其次，也是更为严重的问题，由于云上 I/O 路径较长，涉及组件较多，计算实例的组件故障（如硬件、网络故障等）都有几率导致 I/O 在短时间内无法恢复，因而无法百分百地保证数据的正确性。

为了从根本上解决上述两个问题，NVMe 规范了持久预留能力，用 NVMe 云盘的权限配置规则来灵活地修改云盘和挂载节点的权限。具体来说，就是在主库发生故障后，从库首先发送 PR 命令禁止主库的写入权限，拒绝主库的所有在途请求，此时从库可以无风险地进行数据更新。I/O Fencing 技术通常可以在毫秒级别协助应用完成故障切换，如图 4-5 所示，大幅缩短了故障恢复时间，业务的平滑迁移使上层应用基本无感知，相比于"爆头机制"有了质的飞跃。接下来进一步介绍 I/O Fencing 的权限管理技术。

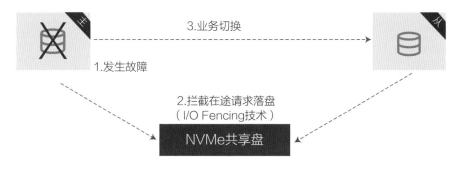

图 4-5　I/O Fencing 技术协助完成故障切换

NVMe PR 协议定义了云盘和客户端的权限，搭配多重挂载能力，以进行高效、安全、平稳的业务切换。在 NVMe PR 协议中，挂载节点有 3 种身份，分别是 Holder（所有者）、Registerant（注册者）、Non-regisetrant（访客）。从名字可以看出，所有者拥有云盘的全部权限，注册者拥有部分权限，访客只拥有读或写的权限。同时，云盘拥有 6 种共享模式，实现独占、一写多读、多写能力，通过配置共享模式和角色身份，灵活地管理各节点权限（如表 4-1 所示），从而满足丰富的业务场景需求。NVMe PR 协议继承了 SCSI PR 的全部能力，所有基于 SCSI PR 的应用都可以通过少量的改动运行在 NVMe 共享云盘之上。

表 4-1　NVMe PR 协议权限表

共享模式	Holder（所有者）		Registerant（注册者）		Non-registerant（访客）		是否支持	说明
	读	写	读	写	读	写		
Write Exclusive（写独占）	Y	Y	Y	N	Y	N	Y	所有者：一写多读
Exclusive Access（独占访问）	Y	Y	N	N	N	N	Y	所有者：独占

共享模式	Holder（所有者）		Registerant（注册者）		Non-registerant（访客）		是否支持	说明
	读	写	读	写	读	写		
Write Exclusive - Registerants Only（写独占—仅限注册者）	Y	Y	Y	Y	Y	N	Y	所有者：一写多读或者多写
Exclusive Access - Registerants Only（独占访问—仅限注册者）	Y	Y	Y	Y	N	N	Y	所有者：多写
Write Exclusive - All Registerants（写独占—所有注册者）	Y	Y	Y	Y	Y	N	Y	所有者：一写多读或者多写
Exclusive Access - All Registerants 独占访问—所有注册者	Y	Y	Y	Y	N	N	Y	所有者：多写

　　多重挂载配合 I/O Fencing 技术，可以完美搭建高可用系统。除此之外，NVMe 共享盘还能提供如图 4-6 所示的一写多读能力。

　　该技术广泛应用于读写分离的数据库、机器学习模型训练、流式处理等业务场景。此外，镜像共享、心跳探活、仲裁选主、锁机制等技术也可以通过共享盘轻松实现。

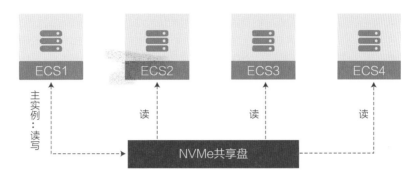

图 4-6　NVMe 共享盘一写多读应用场景

　　NVMe 共享盘基于计算存储分离架构，如图 4-7 所示，依托于神龙硬件平台实现了高效的 NVMe 虚拟化和极速 I/O 路径，以飞天盘古为底座实现了业务的高可靠、高可用和高性能，计算、存储通过用户态网络协议和 RDMA 互连，是全栈高性能和高可用技术的结晶。

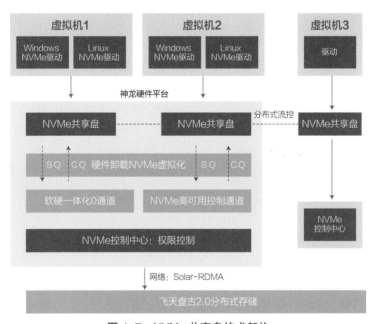

图 4-7　NVMe 共享盘技术架构

4.1.3　对象存储可用性技术实践

　　对象存储兼具存储区域网络（Storage Area Network，SAN）高速直接访问磁盘特点及网络直连存储（Network Attached Storage，NAS）的分布式共享特点，核心是将数据通路（数据读或写）和控制通路（元数据）分离，并且基于对象存储设备构建存储系统。每个对象存储设备都具有一定的智能能力，能够自动管理其上的数据分布。

对象存储提供的本地冗余存储是部署在同一个可用区（Availability Zone，AZ）的。同城冗余存储则部署在三个可用区，它们的逻辑架构相同。同城冗余存储是在物理架构上提供机房级别的容灾能力，将用户数据副本分散到同城多个可用区。当出现火灾、台风、洪水等容易断电、断网的灾难事件，导致某个机房不可用时，对象存储仍然可以提供强一致性的服务能力，即故障切换过程中用户业务不中断、数据不丢失，满足关键业务系统对于低 RTO 和 RPO 的强需求。为提供"12 个 9"的数据可靠性及 99.995% 的服务可用性，同城冗余存储在物理层做好冗余设计的技术如下所示。

- 同城冗余存储多可用区的距离和延时设计：在公共云部署时遵循阿里云 IDC 与网络架构设计规则及可用区选址的相关要求，特别是要满足多可用区设计要求，可用区间典型延时为毫秒级，典型距离在几十千米内。

- 供电、制冷冗余：对象存储是多地域部署的云服务，几乎每年都会遇到自然灾害、供电异常、空调设备故障等问题，在建设数据中心时要做好对双路市电和柴油发电机备电，以及连续制冷能力的设计。

- 网络冗余：对象存储作为公共云服务，既有外部的互联网访问、虚拟私有云（Virtual Private Cloud，VPC）访问，还有分布式系统的内部网络连接，它们都需要做好冗余设计。对于外部网络，互联网接入多运营商的边界网关协议（Border Gateway Protocol，BGP）和静态带宽，实现公网访问的冗余。同时，VPC 的接入则通过阿里云网络的边界网关协议（VPC 网关）实现冗余。对于内部网络，对象存储是分布式存储，由多台服务器组成，采用内部网络将多台服务器连通起来，通过数据中心 ASW-PSW-DSW 的分层设计实现冗余，保证即使某台网络设备故障，系统仍然能够正常工作。

- 服务器冗余：对象存储采用经性价比优化后的服务器，基于分布式系统和软件定义存储的需求，硬件上采用通用服务器，并提供冗余的网络接口，无须采用传统存储阵列双控冗余设计的定制硬件。

对象存储服务层聚焦数据组织和功能实现。借助底层飞天盘古的分布式能力，对象存储服务层按照无状态方式设计，可在业务发生故障时快速切换。由于对象存储是多租户模型设计，所以做好服务质量（Quality of Service，QoS）的监控和隔离是保障租户可用性的关键，具体如表 4-2 所示。

表 4-2　对象存储的 QoS 流控

流控分类	流控项	描述
单机流控	整体 QoS	CPU、内存资源限额
	桶级 QoS	桶的流量和请求限额
	用户级 QoS	用户的流量和请求限额
	后台任务 QoS	后台任务的流量和请求限额
	镜像回源 QoS	镜像回源特性的流量和请求限额
分布式流控	桶级 QoS	集群层面的桶流量和请求限额
	用户级 QoS	集群层面的用户流量和请求限额

对象存储要承接海量的访问请求，在接入层采用了负载均衡，通过绑定 VIP 提供高可用服务，并且和前端机集群对接，任何模块故障都能快速切换，保证可用性，同时基于阿里云的应用型负载均衡（Application Load Balancer，ALB）技术，具备大流量、高性能访问能力。

对象存储提供 HTTP/HTTPS 的数据访问服务，会受到来自互联网和 VPC 网络的安全攻击，典型代表为分布式阻断服务（Distributed Denial of Service，DDoS），做好安全攻击防护是保障可用性的重要工作。

安全攻击的一个目的，就是让对象存储之上的业务遭受损失，让整体的可用性降低。安全攻击的两种策略，就是拥塞对象存储有限的带宽入口（拥塞带宽）、耗尽计算资源。细化的安全攻击分类，如表 4-3 所示。

表 4-3　安全攻击分类

攻击分类	流量 / 资源型攻击	慢速攻击
网络层攻击	ICMP/IGMPFlood	
传输层攻击	UDP-Flood	
	TCP 连接 -Flood	
	PSH+ACK-Flood	
	ACK 反射攻击	
	RST-Flood	
	SSL-Flood	

续表

攻击分类	流量/资源型攻击	慢速攻击
应用层攻击	DNS QUERY Flood DNS NXDOMAIN Flood DNS 放大攻击 NTP 放大攻击 SNMP 放大攻击 HTTP/HTTPS-Flood(CC)	Slowloris 攻击 慢速 POST/READ 请求攻击

OSS-Brain 是应对安全攻击的智能运维平台，其目标和使命是用数据结合算法来保障系统稳定运行，赋能线上运维及运营。它通过分析线上数据，提供智能决策，包括机器隔离、线上主动预警、用户画像、异常检测、资源调度、用户隔离等，如图 4-8 所示。

图 4-8　OSS-Brain 适用场景

对象存储是区域级服务，区域故障将会导致服务不可用。为了提供更高的业务可用性，对象存储提供了异地多活架构的高可用解决方案，利用跨地域复制能力，将数据复制到备区域，从而使得备区域有全量的数据。

读取时可根据地域就近读取，降低延时。由于写入时只写数据到主区域，数据是异步复制到备区域的，所以用户读取备区域的数据时，可能数据还未复制完成，此时可通过对象存储镜像回源功能从主区域读取数据，在不同的区域级故障场景中快速实现数据读取，达到秒级复原点目标，保证业务应用的连续性。

若备地域不可用，上层业务则快速切换到另外两个地域，并将流量均分，业务能立即恢复，切换也非常方便。

若主地域不可用，则选择新的主地域，并开通跨域复制，从而业务可以将写请求切换到新的主地域，读请求也切换到剩下的地域。同时，基于对象存储的版本控制和业务无更新写等功能，实现了主地域故障切换的数据一致性。

4.1.4　对象存储分布式缓存

使用缓存可以有效缩短数据的读取路径和降低 I/O 操作频次，从而提高数据的读取响应速度。对象存储在原有的单机缓存的基础上，在集群范围内构建分布式缓存，进而优化数据读取的性能。

对象存储业务层的数据存储模型是按照桶（Bucket）、对象（Object）、块（Block）三个层级来对数据进行存储管理的。针对一次对象数据读取，用户请求会通过负载均衡到业务前端系统，业务前端系统通过计算得到对象的块列表并进行遍历，请求键值存储系统获取块数据，最后将读取的块数据有序地返回给用户。

图 4-9 是用户读取数据的系统路径图，红线部分是键值存储系统直读飞天盘古优化。随着键值存储系统直读飞天盘古功能的上线开通，块数据的读取可以绕过键值存储系统，直接请求飞天盘古系统读取，这在一定程度缩短了数据读取的路径，减少了整体对象存储系统的响应时间，但是同时也使得键值存储系统路径上对数据读取的缓存优化失效，导致飞天盘古的请求压力上升。

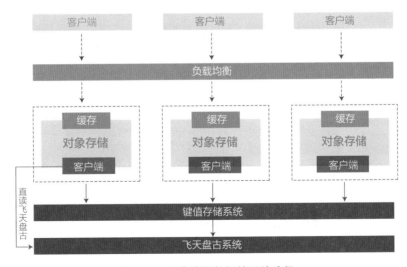

图 4-9　用户读取数据的系统路径

另外，对象存储业务前端系统支持块数据的单机内存缓存。对于块数据读取，会优先去读取缓存，如果没有命中，就需要客户端请求键值存储系统获取数据。但单机内存缓存会由于业务前端机服务内存大小限制及负载均衡策略造成的流量发散而导致块数据的缓存命中率降低。

所以，从整体系统的架构上来考虑降低飞天盘古的请求压力，需要在对象存储业务前端系统服务层面去优化系统全局缓存，提高缓存的命中率。

典型的缓存架构包含读穿型缓存和旁路型缓存。读穿型缓存与旁路型缓存的区别在于请求方请求数据的时候，如果缓存没有命中，旁路型缓存由缓存客户端更新缓存，而读穿型缓存则由缓存服务端更新。基于业务读写数据模式，在业务前端系统的内部实现采用的是旁路型缓存，读块数据的时候，会优先去缓存中获取数据，如果没有，再调用键值存储系统客户端获取数据后更新缓存返回；而写块数据的时候，则直接通过键值存储系统客户端写入底层的键值存储系统，由键值存储系统写入飞天盘古，不做缓存更新。

图4-10是在现有的业务前端系统的基础上设计和实现的分布式缓存系统架构图。分布式缓存主要通过一致性哈希算法来构建全局化缓存，用虚拟化节点来优化集群数据的均衡性。对象存储的分布式缓存系统架构是去中心化的，在业务前端系统中既实现了缓存服务端功能，也同时实现了基于一致性哈希算法的全局缓存节点管理和流量处理的缓存客户端功能。

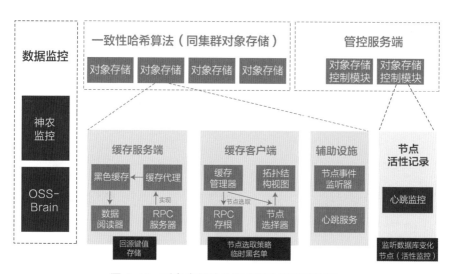

图4-10　对象存储的分布式缓存系统架构图

在对象存储分布式缓存系统架构中，核心系统功能支撑可以分为三个部分：管控服务、缓存服务和数据监控。

管控服务负责管理集群服务节点的信息，实时收集集群缓存服务节点的心跳，为缓存节点提供集群范围内所有的缓存节点信息，是一个支持 HTTP 协议的 Web 集群服务。

缓存服务是在原有业务前端系统服务中构建的，主要包含三个功能模块：

（1）缓存服务端

缓存服务端模块是在 LRU 缓存功能的基础上构建的 RPC 服务，对外提供块数据读取功能并且支持慢启动。

（2）缓存客户端

缓存客户端则实现了 RPC 客户端功能，基于集群全局节点信息，利用一致性哈希算法构建全局缓存节点的哈希环。当用户请求获取数据时，数据的读取模块会调用缓存客户端，缓存客户端会根据块的 Key 信息获取存储该块数据的对应缓存节点，然后发起 RPC 请求获取块的相应数据。

（3）节点信息管理

节点信息管理则负责定时将本节点的信息更新给管控服务端，同时也定时从管控服务端同步全局缓存节点信息。

在数据监控方面，对象存储分布式缓存实施采集分布式缓存服务端的运行数据，监控分布式缓存服务端的整体状态。另外，通过数据分析功能获取热点数据，实时分析分布式缓存服务端的业务状态，同时为分布式缓存服务端热点数据的预热提供有效的数据支撑。

4.1.5　对象存储异地多活容灾架构

作为一个分布式的存储，对象存储底层是采用多副本方式实现的，以便在一个可用区内，保证每个写入的对象都有极高的可靠性，其数据可靠性不低于"12 个 9"、服务设计可用性（或业务连续性）不低于 99.995%。虽然硬盘故障、单机异常等情况不会影响到数据可用性和可靠性，但是在面对机房级别故障（如停电、网络异常）或自然灾难（如地震、海啸）等导致的一个数据中心无法提供服务时，使用该数据中心的客户服务还是会受到影响的，因此异地容灾能力不可或缺，当某集群发生异常时，需要快速切换服务，保障业务的可用性。

图 4-11 所示的是淘宝图片业务异地多活架构，数据中心分别位于张北、上海、成都三地，对于淘宝上的所有商品图片，三地都会有一份全量的数据。正常情况下，用户浏览图片，内容分发网络（Content Delivery Network，CDN）就近回源到各个地域（Region）业务层图片空间 ImageGW 应用，ImageGW 通过从同地域对象存储读取数据进行业务逻辑处理后返回内容分发网络，展示到客户端。这个过程中三地都是多活提供服务的。当某个地域发生异常时，通过切换内容分发网络回源，快速将流量调度到其他两地，保障服务的高可用。

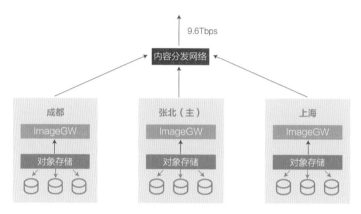

图 4-11　淘宝图片业务异地多活架构

淘宝图片业务异地多活架构采用如图 4-12 所示的一写多读模式，主集群开通了到两个备集群跨地域复制的功能，写入时只写入主集群，利用数据同步技术将数据复制到各个备集群，各个备集群都有全量的数据。

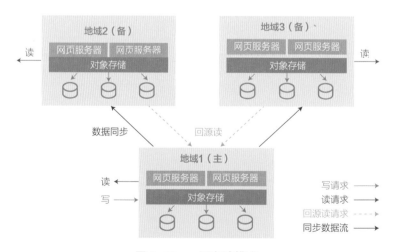

图 4-12　一写多读模式

　　读取时，根据地域就近读取，降低延时。由于写入时只写一份数据到主集群，数据是异步复制到备集群的，所以以用户读备集群数据时，可能还有数据没来得及复制到备集群，导致读取不到。这时，通过镜像回源读功能，可以直接从主集群回源读取数据，达到主备集群都能实时读取数据的目的。

　　当备集群不可用时，如图 4-13 所示，对于内容分发网络读流量，只需要将内容分发网络回源从地域 2 备集群切换到地域 1 和地域 3，流量均分，业务就能立刻恢复。同理，将业务读对象存储的桶数据切换到其他两个集群，也能达到容灾的目的。

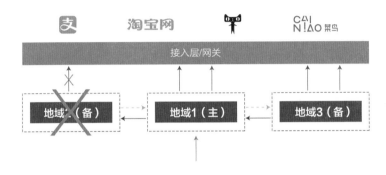

图 4-13　容灾切换（备集群不可用）

　　当主集群不可用时，如图 4-14 所示，这时就需要切换写了。将地域 2 设置为目标主集群，首先需要开通从地域 2 到地域 3 的跨地域复制，客户端通过更换写入的桶配置，切换写到地域 2，通过数据复制技术，将数据同步到地域 3 了。对于读来说，由于地域 1 主集群已不可用，镜像回源配置就需要切换到新主集群地域 2 了。

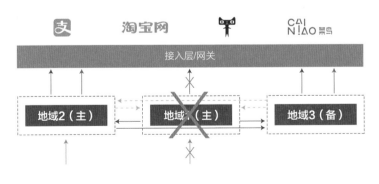

图 4-14　容灾切换（主集群不可用）

此时和上述"备集群不可用"时切换读方式一样，通过切换内容分发网络回源配置和用户读对象存储的桶配置，即可将业务读切换到其他两个正常的集群。对于线上淘宝图片业务，阿里云已经预先开通好了各个地域互相复制的能力。在切换写时，客户端可直接切换写入的桶，不需要再配置跨地域复制关系，将切换过程尽量简化。

在主集群故障，但并没有受到毁灭性灾难摧毁时（如只是停电、断网导致暂时不可用，而不是地震、海啸等导致数据中心损毁的情况），对于刚写入主集群还未被复制到备集群的数据，在故障期间并不会丢失，集群恢复后这部分数据还是会被复制到备集群。

由于容灾切换主集群后，用户可能在新集群写入了数据，这部分数据可能会和容灾切换前写入主集群的数据有相同的名称，所以就可能会产生冲突。对象存储系统同步只保证最终一致性（按照文件写入的先后顺序），如果用户对同一个文件有覆盖操作，并且对中间结果有依赖，那就要么建议用户开启多版本功能，要么建议不要让文件名重复。在淘宝图片空间场景中，文件名由客户端唯一生成，不会重复，容灾切换和恢复时也不会存在文件冲突的场景。

系统中最重要的部分是数据同步部分，也就是对象存储跨地域复制（Cross-region Bucket Replication），其架构如图 4-15 所示，通过跨不同数据中心，针对用户的数据，进行异步的复制，将对源端数据的改动，如新建、覆盖、修改、删除等，同步到另一个地域中去。目标地域的数据是源端数据的精确副本，具有相同的名称、创建时间、拥有者、用户自定义的元数据、对象内容等。

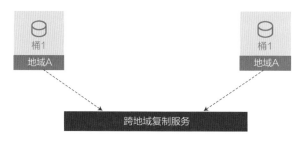

图 4-15　对象存储跨地域复制架构

简而言之，一旦用户为桶配置了跨地域复制功能之后，任何对象在上传到开启这个功能的桶时，对象存储都会自动地为其在用户所指定的另一个地域中的桶里进行备份。当用户修改对象内容或属性时，对象存储也会自动复制，始终保证源桶和目标桶中的对象一致，且完全不需要用户干预。对象存储数据复制（如图 4-16 所示）包含四大模块：请求处理与转发层（Process Layer）、持久化层（飞天盘古）、异步日志处理层（Scanner）、复制服务（Replication Service）。

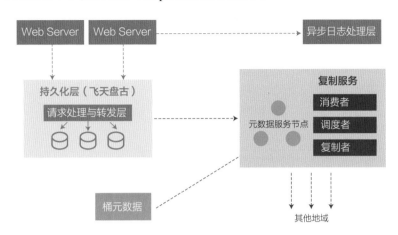

图 4-16　对象存储系统跨地域数据复制模块

用户的请求从 Web Server 进入之后，经过处理（如协议解析、权限验证、切片、校验）持久化到飞天盘古系统。同时，对象存储在写入数据时，会记录一条日志，后续由异步日志处理层会对这些日志进行异步扫描，产生复制事件。

复制服务会在后台运行，它是一个分布式的服务，分为主节点（Master）和工作节点（Worker）。主节点处理桶元数据信息，调度任务到不同的工作节点上执行。工作节点分为三种：一种是消费复制事件的工作节点，叫作消费者（Consumer）；一种是调度复制事件的工作节点，叫作调度者（Scheduler）；一种是复制数据的工作节点，叫作复制者（Replicator）。当有复制事件产生时，消费者会取出该事件，解析验证，交由调度者负责调度；调度者会分配任务到某个复制数据的复制者去处理，同时负责资源控制、均衡压力；复制者就将数据复制到另外一个地域中去，它会负责数据的切分、传输及校验。

那么，在这样的架构下，如何实现海量数据的快速复制呢？

首先，系统中所有工作节点，包括消费者、调度者、复制者都是无状态的，当发生失效转移（Failover）时，不用依赖于上下文信息，可以迅速地重新加载。如果没恢复，主节点会将其上的任务调度到其他工作节点上执行，不会导致某些任务无法运行。

其次，包括扫描日志，以及从对复制任务做分发到复制任务的执行在内的所有流程都是解耦并异步执行的，充分利用了系统资源的能力。

再次，所有的任务都是哈希打散开的，包括事件消费、分发和复制任务都是均匀分布到多个工作节点上执行，没有单点瓶颈。

最后，数据复制采用的是流式复制方式，数据不落盘，从源端获取到一个缓存后就开始复制，进一步提升效率。

4.1.6 文件系统的数据一致性

分布式文件系统在设计实现的时候面临的一个首要问题是数据一致性，即需要向用户提供一个合理的数据一致性模型（Consistency Model），这个数据一致性模型成为用户程序和系统之间的一个合约（Contract）。这个合约里的规则保证程序对数据的读写结果是可预期和可理解的。

具体到分布式文件系统的客户端，如果没有缓存，数据一致性和多个进程访问本地文件系统的场景是类似的。和本地文件系统一样，调用程序通常通过文件系统提供的两个层面的文件锁来保证强数据的一致性。

首先是全文件级的锁。如共享模式，当客户端打开一个文件时，可以指定被分配的文件句柄在被关闭以前该文件是否允许被再次打开，如果允许，就可以指定允许的请求读写权限。

其次是文件区间锁（Byte Range Lock）。文件在打开后可以用文件句柄给文件不同区间上锁，不同的文件系统可能提供不同的锁语义，比如 Windows 文件系统一般提供强制锁（Mandatory Locks），POSIX 一般提供建议锁（Advisory Locks）。锁重叠时的处理方式也不同。

分布式文件系统需要向上层应用提供透明的客户端缓存，从而缓解网络延时现象，更好地支持客户端性能水平扩展，同时也降低对文件服务器的访问压力。当考虑客户端缓存的时候，由于在客户端上引入了多个本地数据副本（Replica），就相应地需要提供客户端对数据访问的全局数据一致性。举例来说，客户端 C1、C2、C3 上的应用程序同时访问一个文件 readme.txt，如果 readme.txt 在 C1 的本地文件缓存中被改动后，C2 和 C3 的本地缓存长时间还得不到更新，那就意味着对于同样的应用，在分布式多客户端环境运行时的读写一致性模型和在本地或者单客户端环境中的是不一样的，违背了分布式文件系统的标准协议。例如 NFS 或者 SMB 的追求目标，即尽量向上层应用程序提供和本地文件系统一致的行为，让程序的运行结果变得可预期和可理解。如果多客户端无法提供和单客户端一致的强读写一致性，那么对于上层应用程序来说是很难接受的。

为了解决分布式文件系统的客户端缓存一致性，在文件存储里主要采用如下几种数据一致性模型。

1. 基于时间戳的简单一致性协议

NFSv2/3 都是简单的无状态的协议，NFSv2/3 服务器不记录和跟踪文件状态。当客户端决定将本地缓存的文件内容更新到服务器时，服务器无法主动去通知其他持有数据副本的客户端。客户端需要自行检查本地缓存的有效性，采用的方法是向服务器查询文件元数据中的最后修改时间（Last Modify Time），看它和本地缓存的文件修改时间是否一致，如果不一致就将本地副本设置为无效状态，在读取时需要去服务器重取。

这种方式是无法提供强数据一致性的。能提供的一致性保证就是 Close To Open 一致性，指的是应用关闭文件时，NFS 客户端保证将本地缓存的文件内容写到服务器端，当同一个文件在这个客户端又被打开的时候，NFS 客户端先去做文件修改时间的检查，确保上一次关闭以后对应本地缓存的内容还有效。这种解决方案显然无法处理好多个客户端并发读写访问一个文件的场景（如数据库访问），这只能依赖用户自行关闭所有客户端的缓存。

因为上面这样的协议在服务器是无状态的，所以，失效恢复（Failure Recovery）的方案非常简单，就是当客户端失败或者网络断开时，将客户端缓存中的内容设为完全失效。

2. 缓存确认方案

AFS（Andrew File System）等分布式文件系统采用缓存确认（Cache Invalidation）方案来解决一致性问题。基本想法就是，当文件第一次被客户端打开的时候，在服务器注册缓存副本的信息；当客户端关闭文件、将本地缓存的文件内容更新到服务器的时候，服务器会主动去回调（Callback）其他持有相应数据副本的客户端，告知目前缓存的副本会在下次文件被打开的时候失效。由于缓存状态只能在文件打开关闭的时候被更新，因此这样的方案也无法保证数据的强一致性。

在网络临时断开、客户端失败或者重启的时候，服务器可能需要重试回调；当服务器失败的时候，副本状态信息一般会被丢失，比较保守的做法是每个客户端将自己本地的缓存全部设置为失效，访问时重新从服务器读取。

3. 基于租约的一致性协议

租约是分布式系统里广泛使用的技术，主要思想就是将访问一个资源的给定权利按照合约的方式提供给某个持有者。这份合约可以在一个指定时间之后过期，或在发生网络断开、系统重启等事件时过期。其实，租约可被看成一个有过期时间的特殊的文件级锁，或者基于服务器文件状态的缓存一致性（Cache Coherence）机制。主要分为以下两大类。

- 读租约（Read Lease）：如果客户端拥有文件读租约，那么它可以直接而不用去后端读取该文件的本地缓存，也可以主动地预读文件数据，将数据提前加载到客户端缓存里。如果有其他客户端要申请写租约，服务器会将读租约召回，读租约所在的客户端缓存会失效，从而保证数据的一致性。

- 写租约（Write Lease）：整个系统中最多只有一个客户端可以拥有文件的写租约，因此，这个客户端是系统中唯一一个拥有有效文件数据的实体（这时候，服务器的数据不一定有效）。在写租约有效期间，本地缓存可被作为回写缓存（Write Back Cache）。这样，文件数据既能被读取又能被写入，直到租约失效或者文件被关闭的时候，才会被发送到服务器。

如果客户端没有获得文件的租约或者租约被取消，那就意味着这个文件的数据一致性无法得到保证。一般来说，文件系统租约的相关操作包括下面几种：

- 客户端请求租约（Requesting Leases）：客户端在打开一个文件的时候，会向服务器请求一个指定类型的租约，同时也会向服务器请求进行升级或降级自己的租约，或者查询租约状态等操作。

- 服务器授予租约（Granting Leases）：服务器根据自己管理的文件租约，决定是否授予客户端相应的租约及其具体类型。例如，客户端请求一个文件的写租约，如果当前该文件已经给出了一个或多个读租约，那么此时服务器会有多种实现方案：可以把该文件的读租约全部召回，再给新客户端授予写租约；也可以先授予该客户端读租约，拿到租约的客户端后续并不会真的有写操作。

- 客户端续租约（Renewing Leases）：客户端在租约超期前或者收到服务器的租约超期回复以后，向服务器申请延长当前的租约有效期。

- 客户端终止租约（Deleting Leases）：客户端关闭文件或者文件系统卸载的时候，服务器在收到终止租约请求以后会将对应的租约状态移除。

- 服务器修改或取消租约（Breaking Leases 或者 Revoking Leases）：当一个客户端发出的请求和目前服务器上对这个文件的租约聚合状态发生冲突时，和基于回调的缓存失效方案类似，服务器向需要有租约状态冲突的客户端发出修改或者取消租约的请求。根据文件系统对一致性的保证和具体操作的不同，具体协议可能需要服务器阻塞住这个请求的处理，等待客户端对租约状态改变的确认，也可能在发出请求后不需等待，继续完成操作。在前面的例子中，如果一个拿到读租约的客户端发出写请求，那么服务器将收到以后需要向所有的持有该文件读租约的客户端发出解除租约的请求。除了一些特殊情况，具体协议通常会选择让这个写操作不需等待客户端的确认，继续完成。

- 客户端确认租约修改或取消的状态（Acknowledging Lease Breaks）：当客户端收到服务器修改或取消租约的通知以后，可以选择接受服务器的租约安排，也在某些情况下选择进一步降级自己的租约。这时，持有文件写租约的客户端一般需要先将本地缓存的文件更新数据写到服务器，在写全部完成之后向服务器发出确认。收到确认之后，服务器才能继续处理被租约中断阻塞的操作。

当一个客户端文件句柄被关闭的时候，服务器文件句柄也随之关闭，租约就失效了，本地缓存也会相应失效。为此，有两个优化方法：一个方法是在当前客户端文件句柄被关闭以后，先不关闭服务器文件句柄，这样在下一次打开同一个文件时可以继续利用本地已有的缓存，这就是所谓的句柄租约（Handle Lease）。假如一个文件被客户端反复打开和读写，此时可以向该文件提供一个"写＋句柄"的租约，这样在文件系统被卸载、租约被服务器取消或者在其他任何由客户端主动决定的情况下就能将本地缓存数据写到服务器，并延时关闭服务器文件句柄，利用缓存处理后续的文件操作请求。其主要流程如图 4-17 所示。

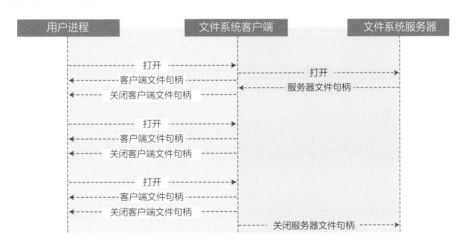

图 4-17　延时关闭服务器文件句柄

另一个方法就是将租约的持有者由单个服务器文件句柄扩展到单个客户端，即允许在一个客户端上跨服务器文件句柄共享租约，从而实现跨用户、跨进程的共享文件数据和元数据缓存。举例来说，如果一个文件被同一个客户端上的不同进程同时打开，那么对于服务器来说，就需要为对应的每个服务器文件句柄分配一个独立的租约。这种方式会导致同一个客户端上存在的租约会互相取消，或者需要为同一个文件在同一个客户端上保存多个缓存，最终导致性能的丧失和网络流量的增大。一个解决方法是在服务器为来自同一个客户端的同一个文件上的所有服务器文件句柄提供一个共享租约。当一个文件被某个客户端第一次打开时，客户端去请求一个新的租约，这个租约是独立于服务器文件句柄存在的。之后同一个客户端再去打开这个文件的时候，可以要求把新生成的服务器文件句柄和客户端已经持有的租约连接起来，这样客户端就可以为一个文件的不同句柄提供一个共享缓存。其主要流程如图 4-18 所示。

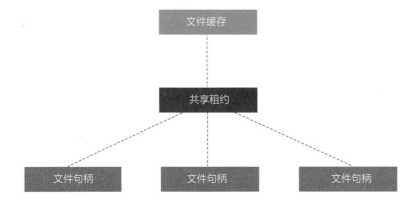

图 4-18　客户端为不同文件句柄提供共享缓存

当上述两种优化方法被放到一起考虑的时候，分布式文件系统可以提供跨文件句柄的共享句柄租约。举例来说，很多用户都是将网站内容存储在一个 SMB 或者 NFS 的文件系统上，然后利用多个虚拟机拓展 Web 服务器，通常每个 Web 服务器都是多线程的，并反复读取同一组文件。当同时使用共享读和句柄租约的时候，静态 Web 文件和动态脚本文件在很长时间里都只需要从后端的文件系统读取一次，之后每个客户端上只需缓存每个文件的副本，并用这个副本持续地支持多线程同时读取文件。在用户升级或者更新网站的时候，各个 Web 服务器持有的被更新的文件的租约会被中断，文件读取操作会被重新发送到服务器。在文件再次被客户端打开时，一个新租约会被重启申请，系统会很快回到原先的稳态，客户端和服务器之间的网络流量一般会恢复到原来很有限的状态。

4.1.7　文件系统的多租户实践

多租户是云服务的重要属性。通过集群级别调度云服务实例，亦或是机器级别调度来自不同云服务实例的请求，云服务既要保证整个集群的物理资源都得到高效的利用，同时也要保证每个租户都能达到预期的性能指标。

1. 多租户与 QoS 的必要性

云作为一种通用资源，为各行各业提供了强大的计算与存储能力，避免了用户自建基础设施、自行维护各类服务等所带来的开销。云服务通过负载均衡、隔离及 QoS 等技术，以及有限的物理资源服务了海量的用户。同时，从单个用户的视角看来，其性能与独占物理资源时的相比，没有明显的差异。

为了保证多租户场景下，单个用户可以获得与独占资源时相同的体验，云服务需要综合利用负载均衡、请求优先级调度、实例隔离等多项技术，让用户流量恰当地分布在整个集群中。另外，处理多个云服务实例请求的单个服务节点，需要公平地处理来自所有云服务实例的请求，避免请求饥饿及大负载实例对小负载实例的影响，保证每个云服务实例都能够达到其相应的服务等级。

2. 多租户与 QoS 的一般技术

多租户与 QoS 的一般技术包含两个维度：一是集群维度，一是节点维度。

从集群维度来讲，云服务需要使用最少的资源来服务最多的云服务实例。云服务会通过动态负载均衡技术，将若干云服务实例调度到同一服务节点上，保证此服务节点不过载，且能够满足运行在其上的云服务实例的负载。云服务实例的压力是动态变化的，当某些云服务实例压力变大，导致某一个服务节点过载时，云服务的负载均衡器需要及时识别出来，并将部分压力迁移到闲置的服务节点上。如果服务节点不足，需要对整个集群进行扩容。在进行调度时，除了尽量均衡地分散压力，还需要限制某个用户的所有云服务实例或者单个云服务实例的若干分区的分布，以保证某个服务节点异常时，受影响的用户数尽可能少。从节点维度来讲，多租户的核心是保障每个租户的服务质量，使其延时和吞吐不受其他租户负载的影响。

总体而言，多租户系统需要具有保护底层资源的能力，同时，保证租户的公平性和服务质量的优先级。而这其中，便涉及资源保护、公平调度和优先级调度三个问题。

（1）资源保护

资源一般有两个属性。

- 容量：指底层资源提供的最大能力，例如 NVMe SSD 可以提供 100 万次的 IOPS 和 2Gbps 的数据吞吐量。当达到资源的容量上限时，资源的访问延时会加长，性能变差。
- 并发度：指资源支持的若干并发度。当提交的并发请求超过系统所能承受的上限时，也会导致资源的访问延时加长。

资源保护也是从对以上两个属性的限制入手的：限制容量即以一个非常小的时间

片来限制 IOPS；限制并发度即通过限制资源上的请求数的方式来达到保护资源的目的。

限制容量一方面可以保护底层资源，另一方面也可以显示限制租户的配额，从而明确地衡量与限制某个租户的资源占用。然而，当底层资源由于种种原因出现性能抖动时，如果多租户系统无法及时感知并阻断新请求的提交，那么等待使用资源的请求会持续堆积，导致整个系统出现雪崩现象。

限制并发度可以很好地处理底层资源的性能抖动。同时，为了限制租户的配额，还需要额外添加一层应用层的容量限流。

（2）公平调度

给定若干租户的任务后，调度决定了何时执行某一条请求，公平意味着不同租户的请求可以以相同的概率得到执行，从而达到所有租户平均排队时间最短、平均延时最小的目标。

为了解耦请求的接收与处理，一般请求被接收后，会被插入一个任务队列中，等待业务模块去执行。单个共享的任务队列和多租户是矛盾的，当所有租户的请求在一个任务队列中排队时，很难将一个租户的负载与其他租户的负载隔离，为了达成"所有租户延时最坏只与租户数 T 线性相关，与其他租户负载无关"的目的，多租户系统需要为每个租户提供一个自己的任务队列，这是公平调度的基础。

在请求被插入任务队列中后，调度器会以特定的策略来将队列中的任务提交到业务模块执行，如 FIFO、Round Robin、Priority 等典型策略。通过多任务队列，以及恰当的调度策略，单个服务节点上的不同租户的请求可以得到公平的调度与执行，从而给予单个租户独占系统的假象。

（3）优先级调度

在进行调度请求时，第一目标是公平调度。然而，某些租户具有一些特殊属性，如延时敏感、业务重要性高等。对于此类租户，多租户系统在调度时会给予资源倾斜，以保证他们延时更短，或者在资源被用满时，优先保证他们的服务质量。

3. 文件存储的多租户实践

不同租户间的负载情况千差万别，同一租户低峰时段与高峰时段之间的压力差异也十分巨大。同时，文件操作是不等质的，不同类型请求对服务资源的消耗显著不同，例如，获取单个文件的属性与将一个文件重命名到另外一个目录下，这两者的开销相差极大。为了高效服务各式负载与各类请求，文件存储实现了集群负载均衡，同时引入了节点 QoS 机制。

（1）集群负载均衡

为了充分使用集群能力，文件存储通过一个集群负载均衡器来对元数据节点进行负载均衡。当检测到某个元数据节点过载时，负载均衡器会负责将过载节点上的部分实例迁出，保证单个元数据节点上的所有文件系统实例都能够获取足够的资源来完成请求处理。

（2）节点 QoS 机制

文件存储单个元数据节点上采用了如图 4-19 所示的架构进行多租户的 QoS 控制，具体说明如下：

- 外部接口层：QoS 对外提供提交任务（Submit Task）接口。租户请求进入 QoS 系统时，系统为每个租户维护一个任务队列（Task Queue），任务请求进入对应队列的尾部。

- 调度层：对若干任务队列进行调度，保证每个租户可以公平地使用底层的共享物理资源。对于特殊租户，调度层会给予一定优先级进行优先调度。

- 资源保护层：资源保护层封装底层的共享物理资源，通过对并发度的控制来主动控制下发到底层资源的流量。当底层资源空闲时，主动从调度层获取任务来执行。

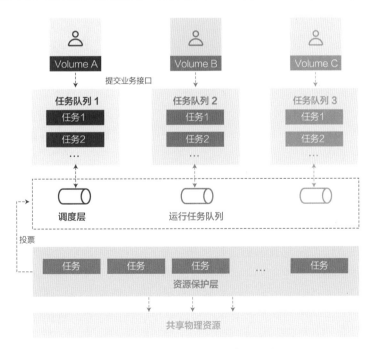

图 4-19　文件存储元数据节点架构

在这样的架构设计下，首先，将请求按照租户粒度抽象成多个队列，每个租户维护自己的请求队列，避免单个租户打爆系统资源队列引起的毛刺；其次，通过调度层对租户任务队列进行调度，将请求的任务队列控制在 QoS 系统内，实现租户的公平调度，避免因底层的共享物理资源排队过深而导致延时和优先级无法得到保证的情况发生；再次，控制单个租户任务队列对底层的共享物理资源的占用，避免单个租户用尽底层的共享物理资源；最后，通过资源保护层控制请求下发，避免在底层的共享物理资源性能退化时，因请求无限堆积而引发系统崩溃。

4.1.8　并行文件系统客户端优化

GPU 凭借自身海量流处理器和矢量处理单元成为 AI 计算的首选加速器，芯片的算力从 V100 到 A100 再到 H100，实现了成倍的增长，对数据吞吐量的需求也成倍增长，甚至一度超出了 PCIe 总线的能力。与此同此，随着容器 Kubernetes 平台的逐渐成熟，AI 训练的运行平台已经由过去的虚拟机和物理机转向为容器和云计算平台。在这样的时代背景下，诞生于 21 世纪初的 CPU 和物理机时代的传统的并行文件系统也面临了极大的挑战。

众所周知，由于 NFS 等通用协议的不完善，传统的并行文件系统都设计并提供了专属客户端，可以说，专属客户端是高性能并行文件系统的身份象征。专属客户端提供了 MPI-IO 接口、多后端服务器连接能力、负载均衡能力。部分专属客户端还可以提供单机数据缓存能力。但是随着容器时代的到来，专属客户端显示出诸多问题。

①专属客户端多采用内核态，这就导致了与操作系统的深度绑定。在早期，专业的高性能计算应用有限，多为专业公司开发并运行于超算中心，专属客户端看起来不是个问题。但是随着 AI 时代的到来，GPU 应用开发百花齐放，开发者习惯不同，限制操作系统或内核版本变成了一个巨大的门槛。

②弹性容器带来极速的应用部署能力和弹性扩缩容能力，将计算资源利用率进一步提升。专属客户端较慢的部署速度和较多的软件依赖，降低了应用部署速度，限制了容器的弹性能力。

③数据管理由面向物理机被面向应用取代。容器时代，用户业务的使用界面从物理机和虚拟机上移至应用，专属客户端将整个文件系统视为统一的名字空间，只能通过传统的访问控制列表方式进行复杂权限配置，且无法通过动态及静态持久卷（Persistent Volume，PV）和容器 Kubernetes 实现联动，以及容器内应用访问数据的完美隔离。

要解决专属客户端的问题，就需要对客户端进行"瘦身"，实现 NFS 协议端的轻量化，如图 4-20 所示。首先，通过操作系统解耦，让所有 Linux 系统都可以轻松使用并行文件存储（Cloud Parallel File Stovage，CPFS），解放开发者；其次，发挥分布式文件系统的高性能优势；最后，实现 Kubernetes 弹性持久卷，以及持久卷间严格数据隔离，具体方式包括以下三个方面：

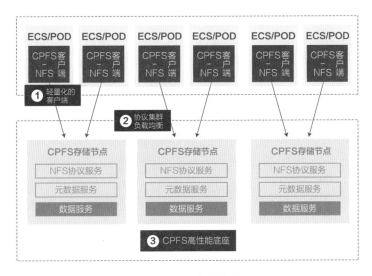

图 4-20　CPFS 轻量化客户端

1. 基于 NFS 协议实现轻量化客户端接入

NFS 是文件存储领域使用最广的成熟协议，因其通用性、易用性而被广大使用者接受。为了降低 CPFS 的使用门槛，CPFS 需要兼容 NFS。

传统的并行文件系统专属客户端往往指定操作系统、内核版本，内核版本升级后客户端还需要重新安装，运维成本高。而 CPFS-NFS 客户端是用户态的，不依赖内核版本，这带来两个好处：一是支持所有主流操作系统，CPFS-NFS 客户端支持 Alibaba Cloud Linux、CentOS、Ubuntu、Debian 等；二是当用户操作系统升级后，CPFS-NFS 客户端无须升级即可继续使用。

传统的并行文件系统专属客户端需要复杂的配置才能达到较好的运行效果。例如，Lustre 需要对网络组件 LNET、元数据组件 MDC、数据组件 OSC 进行并发度、块大小等配置，增加了用户的维护成本；而 CPFS-NFS 客户端只需要一条 Mount 挂载命令即可使用，客户端的默认配置由 CPFS-NFS 客户端自行完成，降低用户使用门槛。

并行文件系统通常将文件系统逻辑上移到客户端完成。例如，Lustre 的 OSC 需要感知文件分片（Stripe）位于哪些存储服务器才能读取数据，这增加了客户端上CPU、内存的资源开销；而CPFS-NFS客户端的资源开销是轻量的，只用于传输数据和必要的元数据操作，CPU开销通常小于一个逻辑核。

2. 优化协议实现保证端接入的高性能

借助CPFS并行I/O、全对称的分布式架构提供的底座能力，NFS协议端同样具有高吞吐、高IOPS的集群性能，远超传统网络直连存储单机架构带来的性能指标。例如，200Mbps/TiB规格下，NFS协议端也提供每TiB容量兑付200Mbps吞吐的性能指标，最大吞吐量是20Gbps，最大IOPS可接近100万次。

NFS协议服务组成协议集群，根据CPFS文件系统容量同步横向扩展。CPFS-NFS客户端与协议节点之间具备负载均衡的能力，在客户端挂载时可根据协议节点负载（连接数、空闲带宽、CPU等）选择最佳的协议节点建立连接，有效地避免因热点、胖客户端挤兑单个协议节点而带来的性能下降。

3. 提供多种挂载方式

为了满足Kubernetes弹性持久卷的需求，同时实现持久卷间严格数据隔离，CPFS支持了多种挂载方式。

（1）大规模容器挂载

传统的并行文件系统客户端通常会保存打开的文件、读写锁等状态。为保证数据一致性，客户端之间互相做状态的颁发、召回等操作。客户端规模越大，客户端之间的交互、消耗的资源越多，这限制了客户端的规模。

CPFS-NFS客户端是无状态的，客户端只与存储节点连通，不会随客户端规模增大而加重客户端的负载。CPFS-NFS客户端支持10000个客户端/POD同时挂载访问数据。

（2）CSI插件支持静态卷、动态卷

CPFS-NFS客户端与阿里云容器服务深度集成，CSI插件支持静态存储卷挂载和动态存储卷挂载两种方式挂载CPFS存储卷。

（3）目录级挂载点

目录级挂载点提供端上访问隔离的能力，容器挂载时仅挂载子目录，防止容器应用直接访问整个文件系统，引起数据安全问题。通过使用Fileset和访问控制列表，并行文件存储CPFS能提供更强的目录隔离：Fileset支持配额，可配置目录子树的文件数量、总容量；访问控制列表可配置用户的访问权限。

4.1.9　海量结构化大数据存储

十几年前，Google"三驾马车"之一的 Big Table 重新定义了"Table"；现在，作为面向海量结构化数据提供无服务表存储服务的表格存储在物联网、车联网、风控、推荐等场景中，进一步提升了毫秒级的在线数据查询和检索，以及灵活的数据分析能力。表格存储的单表可支撑 PB 级规模数据存储、千万每秒处理事务的数目（Transactions Per Second，TPS）服务能力，同时能满足毫秒级高性能数据读写。基于 Serverless 的服务形态及存储计算分离的分布式架构，提供全托管的服务模式，为保障服务高可用，对多种底层故障做到自动检测与恢复。

表格存储包括多种索引类型，如全局二级索引和多元索引。全局二级索引类似于传统关系数据库的二级索引，能为满足最左匹配原则的条件查询做优化，提供低成本存储和高效的随机查询和范围扫描，如图 4-21 所示。多元索引能提供更丰富的查询功能，包含多字段组合条件查询、全文搜索和空间查询，也能支持轻量级数据分析，提供基本的统计聚合函数。

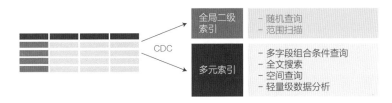

图 4-21　表格存储提供的索引

通道服务（Tunnel Service）是表格存储的数据变化捕获（Change Data Capture，CDC）技术，如图 4-22 所示，是支撑数据派生体系的核心功能，主要应用在异构存储间的数据同步、事件驱动编程、表增量数据实时订阅及流计算场景。目前在云上表格存储与实时计算 Blink 能无缝对接，也是唯一 一个能直接作为实时计算 Blink 的流计算数据源的结构化大数据存储。

数据系统的核心组件包含数据管道、分布式存储和分布式计算。数据系统架构的搭建就是使用这些组件的组合拼装。每个组件各司其职，组件与组件之间进行上下游的数据交换，而不同模块的选择和组合是架构师面临的最大挑战。这里会深入剖析数据系统中结构化大数据的存储技术。

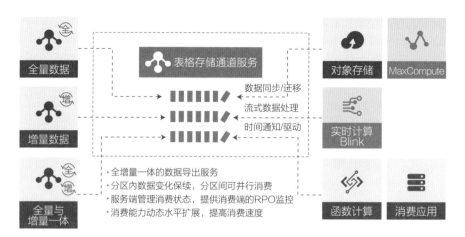

图 4-22　表格存储通道服务

结构化大数据存储在数据系统中是一个非常关键的组件，作为数据中台的结构化数据汇总存储，一个很大的作用是连接"在线"和"离线"，通过对在线数据库中数据的汇总来对接离线数据分析，也通过对离线数据分析的结果集进行存储来直接支持在线查询或者数据派生。结构化大数据存储的几个关键需求如下所示。

- 大规模数据存储：结构化大数据存储的定位是集中式的存储，作为在线数据库的汇总（大宽表模式），或者是离线计算的输入和输出，必须要能支撑 PB 级规模数据存储。

- 高吞吐写入能力：数据从在线存储到离线存储的转换，通常是通过 ETL 工具来实现 T+1 式的同步或者实时同步的。因为结构化大数据存储需要能支撑多个在线数据库内数据的导入，也要能承受大数据计算引擎的海量结果数据集导出，所以通常会采用一个为写入而优化的存储引擎来支撑高吞吐的数据写入。

- 丰富的数据查询能力：结构化大数据存储作为派生数据体系下的辅存储，需要为支撑高效在线查询做优化。常见的查询优化包括高速缓存、高并发低延时的随机查询、复杂的任意字段条件组合查询，以及数据检索。这些查询优化的技术手段就是缓存和索引，其中索引的支持是多元化的，面向不同的查询场景提供不同类型的索引。例如，面向固定组合查询的基于 B+ 树的二级索引、面向地理位置查询的基于 R-Tree 或 BKD-Tree 的空间索引或者面向多条件组合查询和，以及文检索的倒排索引。

- 存储和计算分离：存储和计算分离在分布式架构中，最大的优势是能提供更灵活的存储和计算资源管理手段，大大提高了存储和计算的扩展性，是目前比较热门的一种架构。对成本管理来说，只有基于存储计算分离架构实现的产品，才能做到存储和计算成本的分离。

例如，结构化大数据存储的存储量会随着数据的积累越来越大，但是数据写入量是相对平稳的。因此，存储需要不断地扩大，但是为了支撑数据写入或临时的数据分析而所需的计算资源则相对来说比较固定，是按需的。

- 数据派生能力：因为在一个完整的数据系统架构下，有多个存储组件并存，并且根据对查询和分析能力的不同要求，在数据派生体系下对辅存储进行动态扩展，所以对于结构化大数据存储来说，需要有扩展辅存储的派生能力，以提升数据处理能力。而判断一个存储组件是否具备更好的数据派生能力，就看其是否具备成熟的数据变化捕获技术。

- 计算生态：数据的价值需要靠计算来挖掘，目前计算主要划分为批量计算和流计算。对于结构化大数据存储的要求，一是需要能够对接主流的计算引擎，例如 Spark、Flink 等，作为输入或者输出；二是需要有数据派生的能力，将自身数据转换为面向分析的列存格式存储至数据湖系统；三是自身提供交互式分析能力，更快挖掘数据价值。

图 4-23 是一个比较典型的技术架构，包含应用系统和数据系统。这个架构与具体业务无关联，主要用于体现一个数据应用系统中会包含的核心组件，以及组件间的数据流关系。应用系统主要实现了应用的主要业务逻辑，处理业务数据或应用元数据等。数据系统主要对业务数据及其他数据进行汇总和处理，对接商务智能（Business Intelligence，BI）、推荐或风控等系统。整个系统架构中，会包含以下比较常见的几大核心组件：

- 关系数据库：用于主业务数据存储，提供事务型数据处理，是应用系统的核心数据存储。

- 高速缓存：对复杂或操作代价昂贵的结果进行缓存，加速访问。

- 搜索引擎：提供复杂条件查询和全文检索。

- 队列：用于将数据处理流程异步化，衔接上下游对数据进行实时交换。队列是异构数据存储之间进行上下游对接的核心组件，例如，数据库系统与缓存系统或搜索系统间的数据对接，也用于数据的实时提取，在线存储到离线存储的实时归档。

- 非结构化大数据存储：用于海量图片或视频等非结构化数据的存储，同时支持在线查询或离线计算的数据访问需求。

- 结构化大数据存储：在线数据库也可作为结构化数据存储，但这里提到的结构化数据存储模块，更偏向于从在线到离线的衔接，特征是能支持高吞吐数据写入，以及大规模数据存储，存储和查询性能可线性扩展。可存储面向在线查询的非关系型数据，或者用于关系数据库的历史数据归档，满足大规模和线性扩展的需求，也可存储面向离线分析的实时写入数据。

- 批量计算：对非结构化数据和结构化数据进行数据分析，批量计算中又分为交离线计算和互式分析两类。离线计算需要满足对大规模数据集进行复杂分析的能力，交互式分析需要满足对中等规模数据集实时分析的能力。

- 流计算：对非结构化数据和结构化数据进行流式数据分析，低延时产出实时视图。

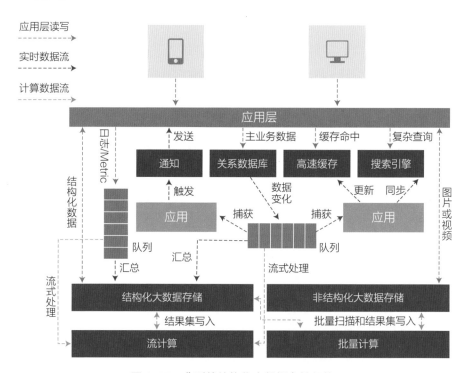

图 4-23　典型的结构化大数据存储架构

对数据存储组件再进一步分析，会发现当前各类数据存储组件的设计是为满足不同场景下数据存储的需求，提供不同的数据模型抽象，以及面向在线和离线的不同的优化偏向，如表 4-4 所示。

表 4-4　数据存储组件功能对比

分类	存储成本	数据规模	数据访问特征	查询性能	常见数据类型	典型产品
关系数据库	高	中	强一致事务型访问，关联查询	高，支持 SQL 查询语言、关联查询和索引加速，对复杂条件过滤查询和检索支持较弱	交易、账单、应用元数据等关系数据	Oracle，MySQL
高速缓存	极高	低	低延时键值随机查询	极高，满足高速键值形式结果数据查询，或者是高速的内存数据交换通道	复杂结果集数据，或者是需要通过内存高速交换的数据	Redis
搜索引擎	高	高	多字段联合条件过滤，全文检索	高，对复杂条件过滤查询和检索支持较好，支持数据相关性排序，也支持轻量级数据分析	面向搜索查询的数据	Elasticsearch，OpenSearch
非结构化大数据存储	低	高	读取单个数据文件，或者是大批量扫描文件集	面向吞吐优化，为在线查询和离线计算都提供高吞吐量的数据读取，提供极为出色的高吞吐量数据写入能力	图片和视频数据，数据库归档数据	OSS，HDFS

续表

分类	存储成本	数据规模	数据访问特征	查询性能	常见数据类型	典型产品
结构化大数据存储	低	高	单行随机访问，或者大批量范围扫描	首先满足数据高吞吐量写入及大规模存储，数据缓存和索引技术提供高并发、低延时的数据访问，面向离线计算也提供高吞吐量的数据扫描	通常作为关系数据库的补充，存储历史归档数据。或者是一些非关系模型数据，如时序、日志等	HBase，Cassandra，Tablestore（OTS）

在数据系统架构中会存在多套存储组件。这些存储组件中的数据，有些来自应用的直写，有些来自其他存储组件的数据复制。例如，业务关系数据库的数据通常来自业务，而高速缓存和搜索引擎的数据，通常来自业务数据库数据的同步与复制。不同用途的存储组件有不同类型的上下游数据链路，可以大概将其归类为主存储和辅存储两类，这两类存储有不同的设计目标。

（1）主存储

主存储通常为数据首先落地的存储，数据产生自业务或者计算。ACID 等事务特性可能是强需求，提供在线应用所需的低延时业务数据查询。

（2）辅存储

数据主要来自主存储的数据同步与复制，辅存储是主存储的某个视图，通常面向数据查询、检索和分析做优化。

存储引擎的实现技术有多种选择，选择行存还是列存；选择 B+ 树还是 LSM 树；存储的是不可变数据、频繁更新数据还是时间分区数据；是为高速随机查询还是高吞吐扫描设计，等等。数据库产品目前也是分两类：事务型数据库和分析性数据库，二者实现方式仍然是底层存储，分为行存和列存。

再来看主辅存储在实际架构中的例子。例如，关系数据库中主表和二级索引表是主与辅的关系，索引表数据会随着主表数据而变化，强一致同步并且为某些特定条件组合查询而优化；关系数据库与高速缓存和搜索引擎也是主与辅的关系，采用满足最终一致的数据同步方式，提供高速的查询和检索；在线数据库与数据仓库也是主与辅的关系，在线数据库内数据集中复制到数据仓库来提供高效的商务智能分析。

这种主与辅的存储组件相辅相成的架构设计被称为派生数据体系，如图 4-24 所示。在这个体系下，数据在主存储与辅存储之间进行同步与复制的方式有三种。

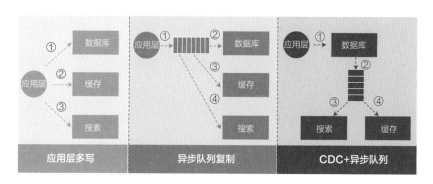

图 4-24 派生数据体系

（1）应用层多写

这是实现最简单、依赖最少的一种实现方式，通常在应用代码中先向主存储写数据，再向辅存储写数据。这种方式通常用在对数据可靠性要求不是很高的场景，因为存在的问题有很多，一是很难保证主与辅之间的数据一致性，无法处理数据写入失效问题；二是数据写入的消耗堆积在应用层，加重应用层的代码复杂度和计算负担，不是一种解耦很好的架构；三是扩展性较差，数据同步的逻辑被固化在代码中，难以灵活地添加辅存储。

（2）异步队列复制

这是目前应用比较广的方式，应用层将派生数据的写入通过队列来异步化和解耦。这样做将主存储和辅存储的数据写入都异步化，也可仅将辅存储的数据写入异步化。其中，队列用来解决多个辅存储的写入和扩展性问题。

（3）CDC+异步队列

这种架构下，数据写入主存储后会由主存储向辅存储同步，对应用层是最友好的。因为应用层只需要与主存储打交道。从主存储到辅存储的数据同步，则可以再利用异步队列复制技术来做。不过这种方案对主存储的能力有很高的要求，必须要求主存储能支持数据变化捕获技术。一个典型的例子就是 MySQL+Elasticsearch 的组合架构：Elasticsearch 的数据通过 MySQL 的 Binlog 来同步，Binlog 就是 MySQL 的数据变化捕获技术。

派生数据体系是一个比较重要的技术架构设计理念，其中数据变化捕获技术是更好地驱动数据流动的关键手段。具备数据变化捕获技术的存储组件，能更好地支撑数据派生体系，让整个数据系统架构更加灵活，降低数据一致性设计的复杂度，从而面向高速迭代设计。可惜的是，大多数存储组件不具备数据变化捕获技术，例如HBase。

4.2 云定义存储技术创新

混合云整合和集成了多种本地资源与云资源，在充分复用已有的 IT 资产和保障核心业务与数据安全的同时，实现公共云资源的提升及效率成本的下降。在这样的背景下，适合不同业务场景的混合云存储产品也成为各行各业实现渐进式数字化转型的重要方式。

云定义存储（Cloud Defined Storage，CDS）通过飞天盘古全新的 QoS 框架将对象存储 OSS、块存储（Elastic Block Storege，EBS）、日志服务（SimpleLog Service，SLS）和灾备服务（Hybrid Backup Recovery，HBR）多个存储产品融合部署在同一套物理服务器上，与公共云上规模化的存储服务做到了代码版本基本一致，弥合了以往混合云版本和公共云版本差距较大的问题。

云定义存储是一个全新的软件定义存储，既能够在定制的存储服务器上软硬一体优化输出，也支持 x86 服务器到各平台的软件输出模式。其中核心的关键词是"云定义"，具有云原生（Cloud Native）、云规模（Cloud Scale）、云服务（Cloud Service）、云连通（to Cloud）、云部署（on Cloud），以及混合多云（Hybrid Multi Cloud）等优势。

4.2.1 块存储技术能力

云定义存储提供了数据块级别的随机存储 CDS-EBS，具有低延时、强持久性、高可靠等特点，依托于飞天盘古提供的异步写、后台读等能力，提供稳定的延时和故障恢复能力。CDS-EBS 在云盘调度和 QoS 等方面经过充分优化，可保持服务器之间和云盘之间流量的公平分配，保证用户稳定的体验。CDS-EBS 会经过严格的故障切换测试和破坏性测试，可在进程挂掉、机器宕机、物理盘损坏、单机网络故障等场景做到业务流量平稳，同时管控节点宕机可做到持续服务，热升级可做到用户无感知。

CDS-EBS 提供全链路 CRC 校验能力，可有效校验出 I/O 传输过程中的网络、CPU、内存错误，不会将错误数据返回给用户。同时针对内部一些逻辑，如纠删码、压缩、TRIM 进行额外的算法维度的校验，确保纠删码、压缩和 TRIM 算法不会导致数据错误。CDS-EBS 会针对冷数据进行后台扫描，除物理介质上存储的数据 CRC 校验外，还包括数据读上来之后进行文件格式解析、解压后的校验，以及副本间数据一致性的校验，经过优化，绝大部分场景可保证 60 天内完成一轮整集群粒度的数据扫描。

CDS-EBS 集群规模相比公共云要小很多，最少支持 6 台服务器集群，目的是降低起建规模、节省用户成本。CDS-EBS 会在单台服务器上混合部署不同服务，如元数据服务节点、数据存储节点等，各服务之间设置了严格的 CPU 和内存的隔离，经过了严格测试可保证有限资源下业务平稳运行。CDS-EBS 同时针对各服务间做了软件架构上的 QoS 隔离及优先级控制，保证各服务在使用飞天盘古文件系统时不会相互干扰。在 CDS-EBS 与 CDS-OSS 混部场景，同样支持不同业务间的资源隔离，确保不同业务的吞吐、空间和性能规格。CDS-EBS 从性能、产能、稳定性、运维、监控告警等方面重新定义了小型化的基线，以更好地适配云定义存储场景。

CDS-EBS 混闪云盘采用自研分池存储架构。分池存储架构具备精细化的多介质空间管理、流量控制、后台垃圾回收控制、数据介质间流动控制等特性，使用户在绝大部分场景对底层介质类型差异无感，保持一致的稳定性体验。针对机械硬盘介质，采用专门优化的纠删码和压缩模式可极大地减少空间和写入放大，最大化利用机械硬盘资源，做到极少的额外系统空间资源占用。

CDS-EBS 混闪云盘支持块存储和对象存储融合部署模式，混部集群采用飞天盘古分布式文件系统提供的业务 QoS 和空间隔离能力，保证块存储和对象存储业务相互之间不受干扰。块存储业务依托于飞天盘古 QoS 能力，针对业务内各种流量做了进一步优先级控制，绝大部分场景可保证前台业务 I/O 不受后台流量的影响，如图 4-25 所示。

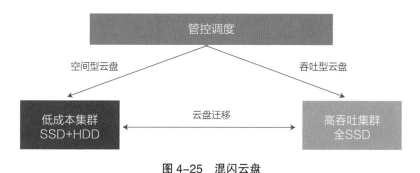

图 4-25 混闪云盘

CDS-EBS 混闪云盘支持单集群最小规模 6 台起建，标准机型单机可创建 45TiB 到 60TiB 云盘空间，可满足较高存储密度的同时提供较高的吞吐量。CDS-EBS 同时支持与其他业务混部，例如单一集群同时部署 CDS-EBS 和 CDS-OSS，集群起建规模不变，但对混部的业务来说，最小规模相当于变成了 3 台，标准机型单机可创建 22TiB 到 30TiB 云盘空间，整体 TCO 得到了进一步的缩减。截至目前，国内外部分主流云计算厂商尚未具备此特性，这是 CDS-EBS 产品的一大亮点。

（1）混闪硬件

随着大容量盘和多盘位存储服务器的演进，高密度存储逐渐成为趋势，业务 IOPS/TB 逐渐下降，需要从软件和硬件上结合共同做出优化。CDS-EBS 提供 12TB 大容量盘和单机 36 盘位机型，跟进最新 CPU 代次，降低总拥有成本，提高产品竞争力。性能方面通过端到端软硬件优化和设计，能使多盘位 12TB 大容量盘的吞吐产能提升 150%，空间产能提升 300%。

（2）空间管理

混合存储通常固态硬盘空间占比较小，机械硬盘空间占比较高，而机械硬盘性能相比固态硬盘差距较大，故消耗 I/O 资源多的数据均缓存在固态硬盘介质，如系统元数据等，此部分数据常驻固态硬盘，不会进行迁移。用户新写入的数据会临时缓存至固态硬盘，待固态硬盘空间达到迁移水位时，会触发后台迁移任务，将固态硬盘中的数据搬迁至机械硬盘。后台垃圾回收任务也会定期将机械硬盘中的热数据分离至固态硬盘中，将固态硬盘中的冷数据下沉到机械硬盘中。故固态硬盘主要存储系统元数据、用户临时写入数据、用户读热数据等。系统元数据会随着单机售卖产能提高而随之增加，同时用户写入数据需在文件中保存一段时间才可下刷至机械硬盘，故固态硬盘空间制约着单机空间售卖产能，需要严格控制规格。

混合存储中机械硬盘为主要对外售卖介质，故机械硬盘中有效数据占比对整机的空间产能至关重要。机械硬盘主要存储用户有效数据，除底层文件系统和块数据头外，几乎无系统元数据消耗（均缓存在固态硬盘中）。机械硬盘采用纠删码和压缩方式写入数据，理想情况下甚至可以做到小于单副本占用。

（3）流量和优先级控制

CDS-EBS 混合存储在介质水位和迁移流控方面，对服务质量做了较多优化。前台业务写入流量会受固态硬盘和机械硬盘介质水位控制，当某种介质水位较高时，会对用户写入流量进行限制，水位越高限制越明显，直至达到系统水位极限触发禁写。后台迁移任务同样也会受介质水位控制，介质水位较低时，迁移流量较低以减少对用户 I/O 的影响，反之则加速搬迁。迁移任务除根据介质水位进行流量控制外，仍会根据介质水位调整并发任务数，以进一步降低对前台 I/O 的影响。

CDS-EBS 混合存储针对各种流量如前台 I/O 流量、迁移流量、后台垃圾回收流量，会接入飞天盘古 QoS 优先级特性，每种服务流量会有高低两种不同优先级和 I/O 配额（Quota），此优先级会随着介质水位达到某一阈值进行反转。例如，介质水位低时，前台业务 I/O 高优先级和占用较多配额，后台 I/O 低优先级和占用较少配额；介质水位高时，前台业务 I/O 低优先级和占用较少配额，后台 I/O 高优先级和占用较多配额。此特性尤其在机械硬盘 IOPS 资源受限且水位较高的情况下，可以保证机械硬盘稳定的垃圾回收流量，降低空间写爆风险。

（4）故障恢复

CDS-EBS 混合存储采用分池架构，与业界常见的混合存储架构的差别是前者整个集群固态硬盘和机械硬盘被虚拟成一个大的存储池，而业界多数混合存储固态硬盘仅在单机维度作为缓存盘使用。这样带来的优势则是 CDS-EBS 混合存储任意物理盘坏掉，只要没有超出空间和 EC 配置限制，客户写入不受影响，且故障恢复时整个集群的物理盘均可参与恢复，大大提高了数据可靠性。而充当缓存的固态硬盘一旦坏掉，就会对访问此服务器的流量产生较大影响，且除人为物理干预外很难做到自愈。

（5）混部隔离

CDS-EBS 混合存储支持与 CDS-OSS 混部，两类业务共同使用同一集群的飞天盘古底座，除了各自业务做好 CPU 和内存物理隔离，CDS-EBS 需要与 CDS-OSS 之间做好存储和网络资源的隔离。此处主要依托于飞天盘古提供的 QoS 隔离能力。飞天盘古会针对底层 I/O 资源的能力和每个业务的特点划分不同的 I/O 配额给各类业务，各类业务在总的配额范围内做好内部各服务之间的配额分配。此处需要 CDS-EBS 混合存储内部各服务间的 QoS 上限优化，确保不会超限影响其他服务。

除 I/O 吞吐资源隔离外，还涉及存储空间资源的隔离。此处包括固态硬盘和机械硬盘空间隔离，主要使用飞天盘古提供的目录配额功能进行隔离，即针对 CDS-EBS 和 CDS-OSS 使用的目录设置不同的空间配额，确保不会超过限制。

4.2.2 对象存储技术能力

在软件架构方面，对象存储采用与公共云完全一致的架构，如图 4-26 所示。

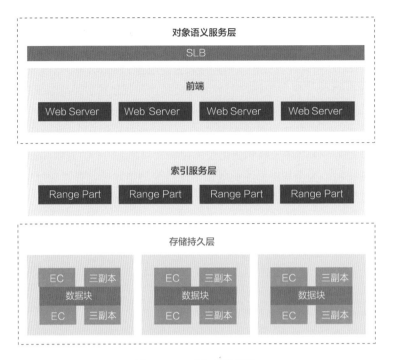

图 4-26　对象存储架构

架构从上到下主要分为三层：对象语义服务层（Service Layer）、索引服务层（KV Layer）和存储持久层。具有如下特点：

（1）领先的松耦合分布式架构

对象存储各个层次的功能松耦合而且是全分布式系统。全分布式服务使得架构没有单点故障，解耦架构使得各个层次可以单独灵活扩展，以便支持海量文件存储。

（2）高可靠性和高性能

对象存储在接入点时根据负载均衡没有热点负载，而且无状态支持快速故障切换，索引层根据字典序打散服务，根据热点自适应均衡，数据在持久层按块的粒度全打散副本/纠删码备份，故障后数据并发重建，快速恢复数据冗余，保证数据可靠性。各层解耦使得性能可以提高线性扩展能力，而且充分利用固态硬盘的能力实现分层存储加速，应对海量文件也能做到高可靠和高性能。

对象存储前端服务接入节点与存储层之间的松耦合关系使得接入节点成为无状态服务节点。任何服务请求都可以通过负载分摊机制由任一接入节点提供服务，理论上前端接入点数据可无限制线性扩展，为云定义存储实现海量存储的服务性提供基础。

企业在线业务应用对资源的需求往往根据季节、节假日等情况呈现波浪式、突发性的变化，例如，"双十一"促销、春运购票等。在应对流量高峰时，为了节省成本，可以单独扩展前端接入层。

对象存储系统的负载均衡模型如图 4-27 所示。对象存储根据用户文件桶名和对象名进行字典序排序，然后根据分区（Range）把元数据打散，每个节点承担管理一部分对象元数据。当一段分区集群（Partition）的键过多时会根据热点动态切分；当另一些集群的键过少而且负载过轻时，相邻集群进行合并，并且支持故障切换及集群动态均衡，使得每个工作节点的负载均衡，充分利用系统的资源。同样，在系统的并发增高时，元数据服务层可以通过单独扩展来分摊元数据请求，避免出现性能瓶颈。

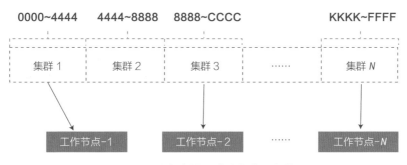

图 4-27　对象存储系统的负载均衡模型

元数据采用了分级存储，热点数据全缓存在内存中，充分利用系统的 DRAM 能力来加速，并设计了高效的算法来访问索引。元数据在存储之前根据键的特质采用了简单高效的压缩算法，以少量的 CPU 消耗获取高效的存储空间收益，元数据最终也存储在飞天盘古持久化层。因此，元数据存储与数据存储机制一样是完全分散的，没有任何热点瓶颈及单点故障。

4.2.3　日志服务技术能力

为了更好地解决存储系统与业务系统的运维问题，云定义存储引入了基于阿里云日志服务 SLS 构建的可观测能力，即 CDS-SLS，其系统架构如图 4-28 所示。CDS-SLS 致力于超大规模的 PB 级日志数据的计算存储，并针对偏计算和偏审计等场景不必采用专门的机型，更加灵活满足线下用户的需求，将计算和存储资源利用得更加充分。

图 4-28　CDS-SLS 系统架构

　　CDS-SLS 秉承"提供机制而不是策略"（Separation of Mechanism and Policy）和"单一职责"（Do One Thing and Do It Well）的经典 UNIX 思想，各模块中有大量的后台参数可以调节，默认值能够满足大部分业务场景的需求。CDS-SLS 的数据采集 Agent（Logtail）经过多年百万机器大规模验证，在性能、稳定性上都有很好保证，相比开源软件，可以大幅降低对机器资源的占用，最高可降低 90%。同时针对云原生场景 Logtail 和 Telegraf 深度集成，针对常用中间件 Nginx、MySQL、MongoDB、Kafka 的监控数据采集到 SLS 进行查询分析。针对线下数据中心场景，通过 Syslog 和 SNMP 方便将硬件网络设备的日志接入分析告警，有效提高运维效率和可视化大盘信息。

　　查询分析的管道式设计很好地贯彻了单一职责，查询和分析分别对应不同的后台服务。

　　目前 CDS-SLS 的线下最重要的使用场景是查询分析，并且有大量客户从开源 ELK 转到 CDS-SLS。当数据量累积到集群规模接近上百台的时候，Kafka 和 ELK 集群的运维成本和查询速度会明显拖慢运维平台的效率。CDS-SLS 在查询分析方面有如下优势。

- 低门槛：完整 SQL92 标准，JDBC 完整协议，支持连接（Join）。
- 高性能：查询延时相比其他产品更低。

- 智能：支持机器学习 AI 算法，支持场景化聚合函数。
- 场景化函数：通过十余年实战经验沉淀针对数据分析场景的30+聚合计算函数。
- 机器学习函数：大数据与机器学习相结合，丰富的机器学习函数。
- 多渠道数据源：发挥阿里云平台优势联动更多数据源，如 IP 地理位置库数据、威胁情报数据、白帽子安全资产库。

此外，CDS-SLS 还支持海光、鲲鹏、飞腾等 CPU 的架构，并有严格的与 Intel x86 相同的验收测试。COS-SLS 之后不仅会针对线下输出场景支持更多异构 CPU 和混合场景的测试，而且针对 HTTPS 的访问会支持国密 TLS 信道传输，让一些金融或者政企行业的数据访问更合规。

作为一款计算和存储并重的产品，为了适应客户更精细化的场景需求，CDS-SLS 不仅有偏计算的机型，CPU 核数达到 96 以上，而且针对偏存储低查询的场景推出 36 盘位的高密机型，同时在中型以上集群支持 8+3、20+4 的纠删码模式，也推出了 4 台最小规模的轻量化输出，适用于新型日志平台。

4.3　云数据管理技术创新

对于企业来说，数据量的急剧增长所带来的存储问题不再是需要考虑购置何种硬件设备来解决得了的，而是要思考如何更高效地管理数据，尤其是数据的长期管理，以及如何在确保数据可访问性和安全性的同时，获得更优的数据管理和可视化能力。这既是企业需要考虑的问题，同时也是云存储服务商需要解决的问题。

4.3.1　可观测性技术

新技术、新架构的出现使得系统越来越复杂，越复杂越需要对系统的状态有全面的了解，才能保持线上系统的稳定，因此，可观测性（Observability）越来越频繁地被提及，企业对于全面的可观测性工具的需求也越来越迫切。

可观测性有三大支柱，即度量、跟踪和日志。其中，度量主要用来发现问题；跟踪用来定位问题所在的服务；日志可以用来定位导致问题的根因，三者相辅相成。因此要成为一个统一的可观测性平台，对三大支柱的支持缺一不可。在云原生生态中，快速构建一套 Tracing/Metrics/Logging 系统（如图 4-29 所示），已不是难事，有大量开源组件可供选择。但是在具有多样数据的复杂场景中，要构建统一的系统，必然存在很大的挑战。

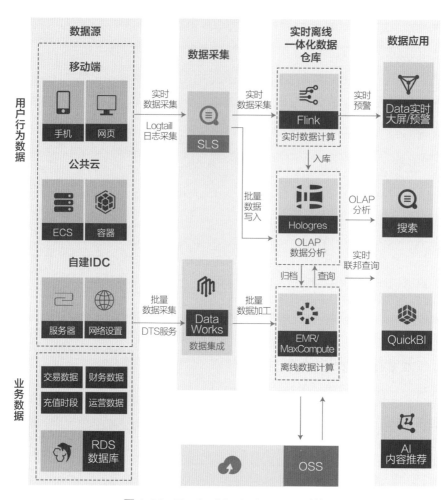

图 4-29 Tracing/Metrics/Logging 系统

首先，不同日志数据的查询模式多种多样。

（1）追踪

- 根据条件过滤出追踪 ID（Tracing ID）。

- 单一追踪 ID 具备完整调用链路。

- 特定数据在多种维度的聚合。

（2）度量

- 单时序指标原始数据，如某机器 CPU 指标一天的曲线。

- 多时序指标聚合，如集群所有机器访问延时指标 95 分位曲线。

- 预聚合场景，如某指标在 1 年中的变化。

（3）日志

- 多种过滤条件组合后，原始数据的查询。

- 强 Schema 场景下的聚合分析，通常以 SQL 为主。

- Logging 场景下特定的需求，如 LiveTail、上下文、日志聚类等。

其次，追踪、度量和日志这三类数据产生的模式相同（时间相关、仅追加），但是各类场景下数据的查询、过滤和计算方式不同，在不同存储模式下的查询效率和性能相差很大，这里面主要涉及数据本地性和读放大问题，例如，对于单次查询，需要多少次磁盘 / 网络 I/O 操作、实际有用的数据量、占读取数据的比例等。

（1）规模和成本

随着互联网的蓬勃发展及 IoT/5G 时代的到来，数据一定是海量的，成本（性价比）一定是需要考虑的首要问题，而决定成本的因素包括：

- 存储成本：逻辑上写入 1GB 数据，在保障可靠性的情况下，最后的物理存储大小是 0.1GB 还是 0.5GB，对于存储成本有很大的影响，这主要由数据的组织、编码及压缩等方式决定。

- 存储单价：不同的介质和机型，如固态硬盘和机械硬盘、普通机型和高密机型的不同组合，在每 GB 的存储价格上，有数倍到数十倍的差别。

- 计算成本：单机服务能力指单机在保证服务稳定的情况下，能稳定服务的读写吞吐上限。影响它的因素很多，包括各类操作复杂度、数据格式、读写访问模式、QoS 控制等。

- 写放大因素：数据随时间写入，为了满足多样的查询需求，必然需要对数据重新组织，例如 LSM 架构下压缩带来的写放大问题，写放大越小，对磁盘和 CPU 的压力越小，单机能处理的数据量也越大。

- 网络成本：当海量数据从各地进行收集的时候，尽可能降低网络传输数据量、减少跨域流量也很重要，这往往由数据编码、压缩算法、用户访问模式决定。

（2）生态对接

在云原生场景下，谁能更好地对接生态，更快适配各类常用组件，也就越容易被推广，其关键在于数据模型和 API 的对接。

- 数据模型：在 Open Telemetry 定义的数据模型中，每条数据由时间戳（Timestamp）和语义明确的字段构成，如 Tracing 中的 Span、TraceID，Metrics 中的 Labels、

Value，Logging 中的 Attributes、Resource 等字段。从形式上来说，都是时间戳和多个 Key/Value 对组合，Value 可以是数值、String、JSON 等，这使提供统一的数据模型成为可能。

- API：API 定义了对 Open Telemetry 数据的各类操作，从数据的抓取到针对各类场景的处理，大量的操作被集成在库中，如 Trace 中生成 TraceID、SpanID 的操作，而后端系统提供的统一 API，能方便各类组件对接其读写接口，如快速集成至组件的 Connector 完成适配。

4.3.2　数据重删技术

许多企业用户的数据往往同时存在本地机房和公共云当中，备份服务既采用源端重删方式减少线上线下的带宽依赖，也采用全局重删减小多地域、多客户端备份数据占用的存储空间。云端备份架构指直接由生产服务器向云进行备份数据传输，减少中间的备份服务器、存储网关等部署，可以非常方便地将备份客户端部署到不同地域、不同网络的服务器上，大大地降低了备份环境的规划和部署的难度。

如图 4-30 所示，如果在文件开头插入修改数据，采用固定长度重删会导致所有的数据都需要重传，使用变长重删算法会动态发现修改数据的边界，从而只需要传少量的有数据改动的块。变长重删算法使用滑动窗口的技术，核心思想是识别可变长度边界，每当观察到某种模式时就代表发现一个块边界，如图 4-31 所示。

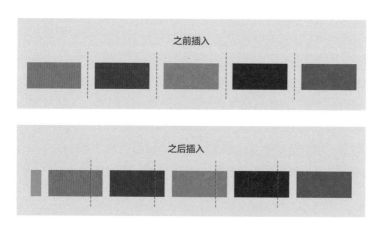

图 4-30　固定长度分块的数据移位问题

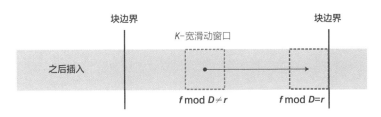

图 4-31　变长重删滑动窗口

怎么才能发现变长重删的边界呢？一般都基于滚动哈希算法（Rolling Hash）。传统的滚动哈希算法都采用指纹去重算法（Rabin Fingerprint），例如，著名的字符串匹配 Rabin Karp 算法也采用这个算法。

阿里云混合云备份采用自研滚动哈希算法，具有以下特性：首先，有一个固定或可变长度（序列长度）的窗口；其次，在给定相同数据窗口的情况下产生相同的值，也就是说，它有确定性，在理想情况下，生成的哈希值均匀分布在合理范围内；最后，哈希值不受窗口之前或之后插入数据的影响。

云备份采用包含输入字节值（0~255）索引来得到数组 "scramble" 的值，进而来改进哈希值，一旦发现达到阈值，就表明发现了一个块边界。改造后的变长重删算法比传统指纹去重算法在吞吐量上提升 2 到 3 倍，且每个切片的大小更接近平均值，方差明显小于指纹去重算法。

4.3.3　相册与网盘服务的关键技术

相册与网盘服务（Photo and Drive Service，PDS）是面向企业与个人数据管理，进行内容识别与协作的开放平台。一方面，PDS 依托于阿里云对象存储技术，提供了存储海量文件的能力；另一方面，PDS 又基于阿里云表格存储和智能媒体处理，将用户的文件元数据进行结构化、智能化管理，提供了丰富的组织、用户、文件管理能力。

在相册与网盘服务系统内部，有文件和数据指纹两个概念。文件为用户所能看到的文件元信息；而数据指纹，则标记了某个指定物理文件。这样做的好处，一是可以做数据重删，节省成本；二是可以数据秒传，提升文件上传体验。

PDS 除了管理用户的文件，同时还支持对用户的数据进行智能处理，例如，视频转码和智能识别。

1. 视频转码

由于音频转码类似视频转码，以下只针对视频转码做介绍。视频转码（Video Transcoding）是指将已经被压缩编码的视频码流转换成另一个视频码流，以适应不同的网络带宽、不同的终端处理能力和不同的用户需求。转码本质上是一个先解码、再编码的过程，因此，转换前后的码流可能遵循，也可能不遵循相同的视频编码标准。

对视频进行转码，基本上要考虑到以下三方面的要求。

第一是降低码率，方便进行互联网传输。这是因为转码（这里指对原视频进行多种压缩）减少了所需的带宽，同时提供了高质量的体验。在没有转码的情况下，由于带宽不足、原视频文件太大，前端在播放过程中经常进入缓冲，页面卡顿，降低用户体验。例如在优酷上，某一集电视剧的片源分辨率为 1920×1080 DPI，大小为 12GB，如果不进行转码，在手机上看完这集将花费 12GB 流量，并且还无法流畅播放。在经过转码后，同样的分辨率下，H264 格式大小只有 1GB 左右，H265 格式的只有 900MB 左右，可以极大地提升在互联网上观看视频的体验。

第二是提供不同的码率。视频网站为了降低带宽成本和减少用户的流量使用，会提供不同清晰度的视频源，保证在不同的网络环境下提供流畅的播放。例如，优酷某视频，其转码后的清晰度类型高达 20 种，给不同用户提供了丰富的选择。

第三是兼容性。尽管有些内容已经被压缩到足够的大小，但仍然需要进行编码，以实现兼容性。视频有多种封装格式、编码格式，用户上传的视频格式类型也五花八门。要在移动端、PC 端等多个不同的操作系统上实现跨平台播放，一般都要求将视频转码为常见的兼容性很好的格式，例如 H264、AAC 等。

主流开源工具 ffmpeg 常被用于视频转码。选择好原视频，输入转码参数（如码率、帧率、水印）等设置，就能完成"解封装→调整视频参数→重新封装"三个步骤，得到预期的视频输出效果。

相比用原始的工具 ffmpeg 进行转码，PDS 上提供的视频转码增值服务，不需要准备额外的转码集群进行"原视频拉取→转码→推送转码后视频"等动作，直接在 PDS 上无缝完成对配置视频的转码。

自行通过 ffmpeg 转码一般都会将不同分辨率视频的所有时长进行转码，如果这时转码后的视频没有被播放，将会浪费转码集群的算力。而 PDS 的转码可以配置为只对被请求播放的某个清晰度的视频片段进行转码，且同一个租户下同样的视频片段不会重复转码，这将为 PDS 的租户提供更好的成本控制和终端用户体验。

PDS 后端的高性能批量计算集群为转码服务提供了非常优秀的异步任务处理体验。一个 1920×1080DPI 的视频，或者拖拽任意位置的视频，都能控制在 5s 内响应出第一个 ts 文件功能前端播放，缓冲时间缩短了，用户的播放体验就会提升。

2. 智能识别

个人云场景下，越来越多的用户习惯将手机文件直接备份到云端，不仅可以应对手机丢失、更换等情况，还能节省本地空间，做到随用随取。

用户的文件日积月累，越来越多，此时查找文件通常需要花费很长的时间。为了能帮助用户更方便地整理、查找文件，PDS 结合阿里云智能媒体管理能力，识别媒体文件，进行打标、聚类。

例如针对用户的大量照片，PDS 支持对每张照片进行人脸识别、标签提取，将照片中的有用信息提取出来加以归类整理。用户此时如果需要查看包含家里小宝宝的照片，只需要根据宝宝的头像进行检索，便可搜索出全部有宝宝的照片。基于算法提取的照片信息，PDS 还支持自动将多张关联性高的照片进行视频合成，帮助用户生成照片故事，例如"周末时光"等。

PDS 是多地域存储，所以 PDS 对数据的处理也必须是多地域的。PDS 在每个存储地域都部署有数据处理服务，数据处理服务会对本地域存储的媒体文件进行智能处理，提取出有用元数据，进行聚类。为了提升企业文件管理的效率和安全性，PDS 还推出了挂载盘、同步盘等能力。具体如图 4-32 所示。

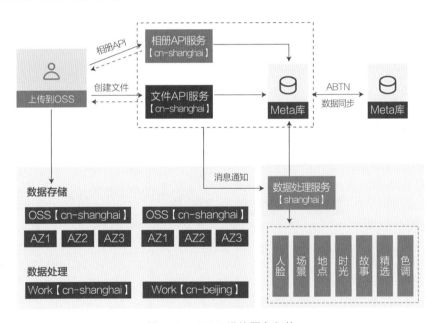

图 4-32　PDS 增值服务架构

3. 挂载盘

随着多地域协同办公、跨部门合作日渐频繁，文件分享和协同编辑的重要性也逐渐凸显。为了提高企业的办公效率，阿里云挂载盘提供团队空间和分享功能。不同的部门、项目组，可以建立自己的团队空间，只要加入团队，便自动获得其空间访问权限。

对比 SVN、Samba 和 NTFS 等网盘，挂载盘增加分享功能，用户可以查看所有共享文件。分享时可以限制对方访问权限，基础划分了预览者、上传者、下载者和编辑者，同时还支持自定义权限集，如图 4-33 所示，在共享带来便利的同时，还保证了文件的安全性。

从技术原理上来讲，挂载盘实际是一个由内存和本地高速存储介质组成的大规模分布式缓存系统。挂载盘客户端对不同存储的接口进行抽象，适配本地的文件访问接口（POSIX 和 Windows API），支持在 Linux、Mac 和 Windows 多个操作系统中使用。将本地文件处理请求，转换为后端存储访问，使本地应用无须任何修改即可接入云端。后端支持部署多种计算资源：云服务器、容器服务、大数据计算平台、批量计算等云计算平台。将产品服务化，本地简单配置，便可访问后端丰富的计算资源。

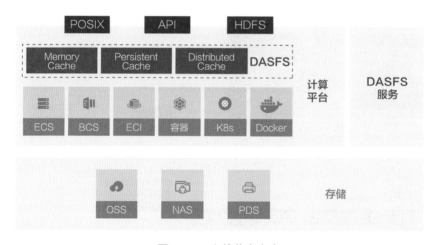

图 4-33　文件共享方案

DASFS 是 Serverless 化的缓存服务，是混合云解决方案中的基础组件，其架构如图 4-34 所示。DASFAS 客户端运行在本地，对接文件系统接口，将创建、读取、写入等文件访问操作通过 RPC 向云端 DASFS 发送请求。用户配置吞吐量和缓存容量，不用管理实际资源，支持吞吐量的伸缩扩容。

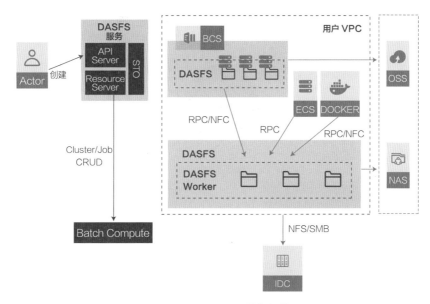

图 4-34 DASFS 服务架构

4. 同步盘

同步网盘简称同步盘。在网盘云端文件存储管理的基础之上，同步盘可以帮助用户在登录任何客户端的同时，将本地的数据和云端的数据做整合，用户在本地的每次修改，都会被及时地同步到云端。同步盘在帮助用户享受本地编辑快捷流畅的同时，也保证文件的云端副本被保存，增强数据的可靠性。同时，因为同步盘打通了端和云之间的数据流动，所以用户可以以云为中心，基于同步盘实现更加丰富的功能。

同步盘的主要目标是保持云端和用户本地数据的一致性。为了达到这个目标，它将数据同步分成了全量同步和增量同步。

①全量同步：当用户初始化一个待同步目录时，需要对待同步目录进行全量扫描并将其云端对应目录进行全量比对，将本地未被同步到云端的数据同步至云端，将本地未下载的云端数据下载到本地。在全量同步阶段结束后，本地和云端第一阶段的数据会保持一致，如图 4-35 所示。

②增量同步：当本地和云端完成第一次数据一致后，同步盘会监控本地数据变化，同时用户在云端对应的目录进行的数据操作也会被通知到客户端。客户端将本地的增量信息和云端文件变化信息放在一起分析，最终确定是将数据上行同步到云端，还是将云端数据下载到本地，如图 4-36 所示。

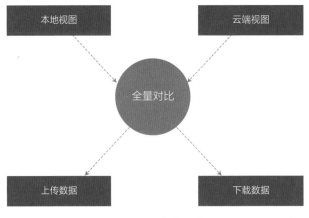

图 4-35　全量同步

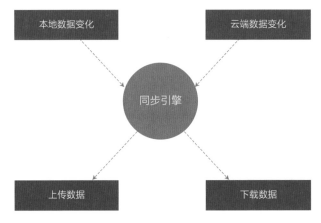

图 4-36　增量同步

4.3.4　智能媒体管理技术

云存储除了解决数据的存储问题，也提供了场景化封装数据智能分析管理能力，为云上文档、图片、视频、音频等数据，提供一站式处理、分析、检索、治理等管控体验。用户可以在对象存储数据访问过程中，通过 HTTP GET 方法额外传入 X-OSS-Process 参数来调用智能媒体管理技术。此时，对象存储不再返回存储文件的原始数据流，而是返回经过处理后的结果。

智能媒体管理采用分层架构进行设计，包含处理引擎层、元数据管理层、场景化封装层。

（1）处理引擎层

基于阿里云存储提供就近构建计算框架，该框架支持批量异步处理、准实时同步处理，在一键关联阿里云存储（例如指定对象存储桶的目录前缀、某个对象）后，通过整合业界领先的数据处理算法，实现快速自动数据处理。

（2）元数据管理层

基于处理引擎提供的功能，通过对场景的深入理解和梳理，智能媒体管理封装了场景的元数据设计，对外提供场景的元数据访问接口，简化场景应用的设计难度，无须关注元数据索引数据库的运维工作。

（3）场景化封装层

智能媒体管理把处理引擎层和元数据管理层的功能进行包装，并按照资源包方式提供出来，从而简化使用，方便应用快速地接入，实现 AI 和场景的紧密结合。

从逻辑结构方面来讲，智能媒体管理位于外部数据存储（包含未编入索引的数据）与客户端应用（向搜索索引发送查询请求并处理响应）之间，如图 4-37 可以划分为五个层次，按照从数据存储到应用查询的顺序依次是数据感知层、信息抽取层、数据处理层、联合索引层和查询层。

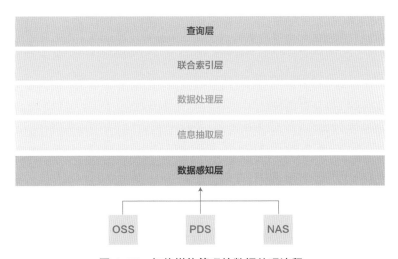

图 4-37　智能媒体管理的数据处理流程

（1）数据感知层

在智能媒体管理搜索中，将会针对已加载和已保存到搜索索引中的内容执行查询。将原始数据填充到索引通常有两种基本方法：一种是推送，即以编程方式将数据推送至索引；另一种是拉取，即通过数据感知层来绑定支持的数据源，以便拉取数据。

数据感知层当前支持对象存储、网盘存储、文件存储等多种存储产品，既可以通过全量扫描的方式获取存储产品中的指定内容，也可以基于阿里云存储产品的内部事件感知能力，获取存储产品中的增量内容。

（2）信息抽取层

提供丰富的能力抽取海量数据中用户感兴趣的信息。例如，可以通过 Document Cracker 来抽取存储产品中 Word、Excel、PowerPoint 等文档中的文字内容；可以通过 ASR 获取语音内容中对应的文字信息；可以通过 OCR（Optical Character Recognition，光学字符识别）获取图片内容中对应的文字信息；用户甚至可以通过自定义的抽取器来处理特定格式的数据。

（3）数据处理层

数据处理层包含一项或多项处理器，这些处理器是原子操作，例如翻译文本、人脸识别、物体检测等。处理器可以处理抽取出的数据，随着处理的执行，它获得了结构和内容，最终将获得的结构化内容导入索引。除了内置的处理器，用户还可以使用自定义的处理器来对内容进行加工。

（4）联合索引层

联合索引层提供全文检索、图检索、特征值检索、聚类等丰富的索引能力。

（5）查询层

对用户的查询进行分析，将查询词与查询运算符区分开来，并创建要发送到搜索引擎的查询结构。针对查询词执行词法分析。此过程可能涉及查询词的转换、删除或扩展，然后会在多个索引分片中进行查找，并对结果进行合并和排序，最终返回给用户。

来自用户存储的结构化、半结构化和非结构化数据依此流过这些层次，智能媒体管理从中提取出用户感兴趣的内容并存储在索引中，进而在用户需要的时候解析查询请求，再进行排序并展示结果。

第 5 章

云存储的应用实践

当代信息社会已经呈现出高度数据化、数字化的发展趋势。每一个组织、每一个个人都是一个数据集。而以云存储为代表的存储产品和技术正在为这些数据集提供采集、存储、分析和统一管理的服务，从而为不同业务场景提供强有力的技术支撑。

5.1 视频监控数据存储

随着 5G 网络技术的发展，一些相关行业也将随之出现变革，如视频监控行业。

首先，超高清视频时代到来。不断变化的市场需求使得视频图像逐步从标清走向高清，甚至超高清。5G 网络技术的普及还将进一步提升超高清视频的传输效率，从而解决提取及分析应用数据时，因为清晰度不够而无法使用图像的问题。

其次，智能化成为发展趋势。视频监控从"看得清"向"看得懂"蜕变。人脸识别、行为识别、车牌识别、目标分类等人工智能算法的快速发展，使得安防智能化成为明显的发展趋势。

智能视频监控技术的深入研究和实际应用，通过将 AI 相关的视觉技术融入视频监控系统，可以将视频数据流用于图像处理和目标分析，实现自动检测、目标跟踪等目的，对视频监控系统进行实时控制，变被动监控为主动监控。在机场、高速公路等场景中，对于摄像头高清化的要求进一步提高，高清摄像头不仅能提高日常工作的效率，同时也让视觉技术有了用武之地，进一步挖掘数据相关价值。

针对安防行业大规模集中式或分布式存储需求，阿里云提出了视频监控数据的云端直接存储解决方案，如图 5-1 所示。此方案提供的存储虚拟化管理功能，将所有存储节点空间合并成一个存储虚拟池，以云架构为基础，专注于视频、图片等文件的存储业务，集节点虚拟化、视频图片管理、结构化数据存储于一体，具有高性能、高密度、高可靠性、高扩展性、高易用性等特点。

此外，阿里云同样支持混合云存储部署。线下采用标准化设备部署，并且与合作伙伴视频监控平台通过专线进行平台级联，视频数据直接存入云端对象存储中。在文件的生命周期管理上，文件定期删除动作可以由平台侧软件定期发起。当客户端需要调取历史视频回放时，首先查询本地平台对应设备录像信息，再由本地平台通过专线从阿里云存储中调取。

视频监控数据可以无缝写入阿里云混合存储产品，实现云上云下的数据流转，云上无缝扩容。同时，不管在云上还是云下的存储数据，都可以与阿里云 AI 产品"地雀一体机""数据智能 AI"平台等无缝对接，进行智能分析。

首先，运用数据智能缓解城市建设中的焦点和难点问题，优化城市综合治理能力和公共服务水平；利用云计算、移动互联网、视觉人工智能、物联网等技术，在智慧旅游、安全校园、智慧城市、工业互联网、智能制造等领域开展合作。

其次，该方案采用混合云方案，节省本地数据中心机柜空间，降低用电能耗压力，数据无缝上云，进而大幅缩短存储项目的扩容周期，在前期投入上，可以采用按月付费的方式减少资金压力。

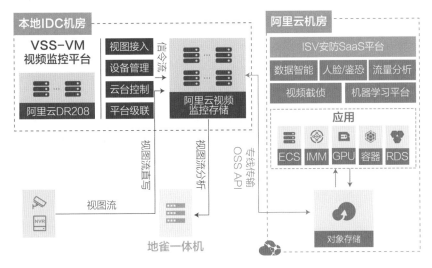

图 5-1 视频监控数据存储项目架构

5.2 大数据及数据湖统一存储

在汹涌而至的信息化浪潮下，大数据技术不断更新迭代，数据管理工具得到飞速发展，相关概念也随之而生，其发展历程如图 5-2 所示。数据湖（Data Lake）自 2011 年被推出后，其概念定位、架构设计和相关技术都得到了飞速发展和众多实践。数据湖也从单一数据存储池概念演进为支撑企业级数据应用的下一代基础数据平台。

从概念上来说，数据湖已经被越来越多的人所接受。数据湖以集中方式存储各种类型数据，提供弹性的容量空间和强大的吞吐能力，能够覆盖广泛的数据源，是支持多种计算与处理分析引擎直接对数据进行访问的统一存储平台。数据湖实现了数据分析、机器学习，以及数据访问和管理等细粒度的授权、审计等功能。

数据湖对存取的数据没有格式类型的限制。数据产生后，可以按照数据的原始内容、格式和属性直接被存储到数据湖，程序员无须在上传数据之前对数据进行任何的结构化处理。数据湖可以存储结构化数据（如关系数据库中的表）、半结构化数据（如CSV、JSON 、XML、日志等）、非结构化数据（如电子邮件、文档、PDF 等），以及二进制数据（如图形、音频、视频等）。

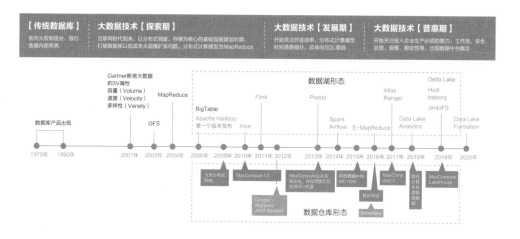

图 5-2　从探索期到普惠期，大数据技术发展的 20 年

　　数据仓库和数据湖是大数据架构的两种设计取向，如图 5-3 所示，对于处于不同时期的企业来说，在技术栈上的灵活性和成长性的选择上有所不同：当企业处于初创阶段，数据从产生到消费还需要一个创新探索的阶段才能逐渐沉淀下来，用于支撑这类业务的大数据系统，灵活性就更加重要，因此，数据湖的架构更适用。当企业逐渐成熟起来，已经沉淀为一系列数据处理流程，问题开始转化为数据规模不断增长，处理数据的成本不断增加，参与数据流程的人员、部门不断增多，用于支撑这类业务的大数据系统，成长性的好坏就决定了业务能够发展多远，因此，数据仓库的架构更适用。数据湖涵盖的范围较广，在一些相关功能上与"数据仓库"概念类似，一些企业的管理者、决策者也容易混淆两者的区别。其实，仅仅从产品应用场景上，数据湖、数据仓库就表现出了明显的不同。

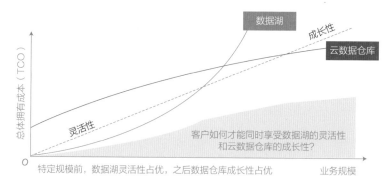

图 5-3　数据湖 / 数据仓库业务规模与总拥有成本的相关性

首先，数据捕获时未定义架构。数据湖在功能上可以实现各种类型数据的存储，数据湖中的数据可以是非结构化的、未处理的形态，数据在确定需要使用时才有对应的处理与转换；而数据仓库则通常存放的是经过处理的、结构化的数据，数据存储的模式（Schema）在数据存储之前需要被定义好。

其次，存储到数据湖中的数据通常会按照原始形态直接存储，随着业务和使用场景的发展，会使用不同的计算引擎对已经存储的数据进行分析与处理。数据湖中的数据在一个企业组织中通常会被多个不同应用、系统及部门使用和分析，覆盖的场景广泛并且范围也会动态延展，因此需要提供更高的灵活性，以适应快速变化的应用场景。数据仓库中的数据通常在数据收集期间就已经明确了使用场景，通常集中在商务智能、业务、运营等商业决策相关场景中，数据仓库也可以把已经存在的数据转换到新场景，但在灵活性方面不如数据湖，需要有更多的数据转换时间和开发资源投入。

云原生时代的到来，也同样引领数据湖进入了新阶段，云原生数据湖架构特征如图5-4所示。阿里云云原生企业级数据湖解决方案采用了存储计算分离架构，基于阿里云对象存储构建，并与阿里云数据湖分析（Data Lake Analytics，DLA）、数据湖构建（Data Lake Formation，DLF）、E-MapReduce（EMR）等计算引擎无缝对接，兼容丰富的开源计算引擎生态，可满足大数据系统统一存储、海量数据规模的需求，更可靠、更灵活、更安全。云原生数据湖可直接接入业务生产中心，例如业务系统中的原始数据、日志数据等。

图5-4 云原生数据湖的架构特征

1. 核心组件

（1）数据存储

存储是现代数据湖的核心。数据湖为具有不同背景和工具偏好的不同客户提供统一存储服务，它具有以下特征。

- 可扩展性：企业以数据湖作为整个组织或部门数据的集中数据存储，它必须可以解决不同企业间、不同部门间的数据互信和数据主权问题，还要按照容量进行任意扩展。

- 数据可用性：数据的可用性和可靠性是企业制定决策的关键。跨多可用区的复制有助于实现数据的高可用性，而多地域的数据复制可确保有效的灾难恢复，保证业务连续性。

- 安全性：在云或企业内部部署中，数据安全意味着业务的安全，因此，数据必须经过加密，必须满足不可篡改及其他相关合规的要求。因此，应该从一开始就对安全性进行设计，并且需要将其纳入非常基本的体系结构和设计中，进而在企业整体基础架构内部署和管理数据湖的安全性。例如，存储层需要提供加密机制，同时还要具有灵活的密钥管理服务。

- 可存储任何内容：云存储对于文件格式、文件数量、存储容量没有限制，极大地突破了 HDFS（Hadoop 分布式文件系统）因为 NameNode（用于管理文件系统的名字空间）设计机制而无法支撑大量小文件的"困境"。应用无须对小文件进行合并处理，就可以直接将其存入云存储系统，系统的响应能力完全不会因为文件数量的增加有任何降低。

（2）数据加工

数据湖可以对接多种差异性的计算引擎，运行在不同负载之上，多种计算引擎都共享同一套存储系统，可打破数据孤岛，洞察数据价值。

数据湖对存储数据的类型提供了充足的灵活性，没有传统"数据入仓"的各种限制，数据一产生，就能从对接的数据通道上传到数据湖，根据后续对接的分析需求，再进行数据抽取（Extract）、转换（Transform）、加载（Load），生成所需要的格式数据，生成的处理后数据可以再存储到数据湖中，在其他阶段或者分析中使用。这样的好处在于：一方面，数据内容更具灵活性，让各类应用、智能物联网设备都能轻松解决原数据的存储，当数据需要分析的时候再进行对应的转换，而不需要设备消耗大量计算资源进行立即的转换，降低终端智能设备能耗；另一方面，数据湖中的数据可以与多种计算与分析平台结合使用，对于企业来说，计算与存储分离的资源规划和架构更灵活，在应对业务的快速变化时更加容易构建应用平台和系统，从而提升效率，数据的分析也可以更快、更轻量，减少整体的成本投入。

（3）数据分析

随着数据来源的丰富和分布化，数据将继续呈现出多样化的特点。与此同时，企业对数据分析功能的依赖也在激增。传统的集中数据存储和预定义模式已经无法满足业务场景快速变化的需求。数据湖可以有效集中存储各类未经过处理、加工的数据，特别是从各种物联网智能设备捕获的数据。通过数据湖对接的各种计算引擎，可以便捷地对集中存储的数据进行批量计算、机器学习、交互式查询。数据湖对于各种计算生态的良好支持可以使其和新推出的计算引擎更快地对接。

API 接口让数据湖实现多引擎的统一元数据管理和权限管理。移动应用、智能设备、Hadoop 计算生态、云原生服务都可以通过此通用协议直接对接。通过数据湖自建的事件机制能够更轻松完成元数据采集，结合元数据管理服务，提升数据整体管理能力，让数据湖不会成为"数据沼泽"。

数据治理是指对企业中数据的可用性、完整性和安全性的全面管理，主要取决于业务策略和技术实践。从一开始就应将数据治理纳入设计的一部分，或者至少应将最低标准纳入其中。

2. 解决方案

数据湖的一个重要目标是，能够将所有企业数据集中存储，以供企业的各类应用在授权下进行访问。结合数据湖的这一设计目标及元数据管理、自动化数据采集、自动化数据解析和处理等技术，可解决各类与应用相关的日志埋点、采集与分析。

阿里云的数据湖底层基于阿里云自研的分布式存储引擎搭建，如图 5-5 所示，它提供体系化的数据采集能力，支持结构化、半结构化、非结构化数据源。数据湖统一存储，提供了对数据的管理能力。冷热分层的存储方式解决了数据分散在各个集群、需要在不同存储系统中反复拷贝等运维困扰。在大数据访问方面更加优化，支持基于 Ranger 的数据湖权限管理，支持混合云方案，总体成本可降低近 50%。

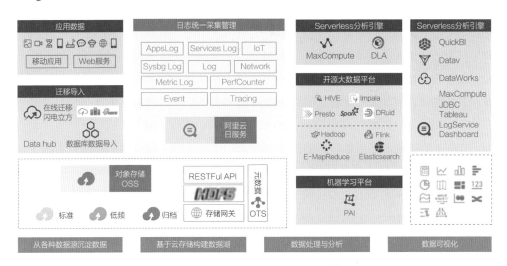

图 5-5　阿里云的数据湖解决方案

此外，阿里云的数据湖存储成本相对于高效云盘进一步下降，查询性能相对于传统对象存储提速 3 倍以上，并且查询引擎有着极高的弹性，能在 30 秒内启动超过 1000 个 Spark Executor。

阿里云云原生数据湖体系由对象存储 OSS、DLF、E-MapReduce 等产品强强组合，提供存储与计算分离架构下，"湖存储、湖加速、湖管理、湖计算"的企业级数据湖解决方案。

数据湖存储用云上的对象存储加上 JindoFS 取代 HDFS，提升数据规模、降低存储成本、实现计算和存储分离架构；DLF 服务提供统一元数据和统一的权限管理，支持多套引擎接入；EMR 上 Spark 等计算引擎的云原生化，可以更好地利用弹性计算资源；云上的数据开发治理平台 Dataworks 解决了数据湖元数据治理、数据集成、数据开发等问题。

目前，阿里云云原生数据湖体系可支持 EB 级别的数据湖，存储超过 10 万数据库、1 亿表以及 10 亿级别的集群，每天支持超过 30 亿次的元数据服务请求，支持超过 10 个开源计算引擎，以及 MaxCompute 和 Hologres 等云原生数据仓库引擎。

5.3 多媒体数据存储

互联网不仅改变了信息的表现形式，也改变了人们获得信息的方式。十几年前，多媒体概念也在互联网的加持下诞生。从含义上讲，多媒体不仅包括文本、声音和图像等多种媒体形式，同时也承载了更多的信息互动功能。近年来，由于 5G 网络技术的快速发展，移动网络不断提速，运营商流量资费也随之下调。同时，影视、直播等行业使得高清内容数量快速增加，内容质量持续提升，内容类型不断丰富。这些外部和内部的因素使得多媒体技术及整个行业进入一个快速发展的阶段，体现为：内容数量持续增加；内容质量不断提升；内容类型不断丰富。多媒体数据的产生和运营流程主要包括：采集→传播→用户浏览→内容反馈/互动→运营优化等。

AI、IoT 等技术在传媒行业的应用和渗透，直接改善了内容生产和运营中的效率不足问题。阿里云智能媒体管理（Intelligent Media Management，IMM）提供针对媒体数据的高级、智能管理服务。其与平台无关的 RESTful API 接口，为阿里云上的非结构化存储数据（例如，对象存储中的视频、图片、文档等数据）提供快捷的数据处理通道，例如格式转换，图片、视频的编辑处理，以及人工智能的价值数据提取和检索（例如，标签识别、人脸分组）。IMM 提供场景化构建的一站式数据应用解决方案，适合媒资管理、智能网盘、社交应用、图库图床等开发者使用。

1. 源站存储与分发方案

分享是互联网多媒体的重要特性，大量的资源存储与分发网站的存在丰富了互联网世界。资源提供方需要支持各类文件的下载、分发及在线点播加速业务，如 MP4、FLV 视频或者平均大小在几十 MB 以上的单个文件。为此，源站存储与分发方案架构应运而生，如图 5-6 所示。

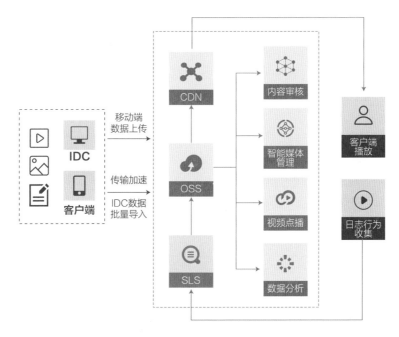

图 5-6　源站存储与分发方案架构

- 对象存储 OSS 提供高可靠的、PB 级别的存储空间和高吞吐带宽，结合网络、ECS、CDN、内容审核等产品，为用户提供整体短视频源站存储和分发解决方案。

- 阿里云遍布全球的多个站点提供就近存储服务，并提供 CDN 全球互联和全球加速以及对象存储 OSS 传输加速等能力，进一步提高用户数据上传下载的能力。

- 日志服务 SLS 采集存储终端各种埋点日志，结合阿里云数据湖整体方案，协助用户实现智能推荐、分析等各种能力。

2. 直播转存方案

视频直播是音视频行业发展非常快的业务。传统的广播解决方案涉及卫星通信和互联网，使用物理转码器进行转码，既麻烦又充满挑战。这些挑战之一就是，要构建一个具有高传输质量、低延时且能顺畅地对流媒体数据进行转码的强大且具有成本效益的实时流媒体生态系统。

直播方案一般包含三个模块：推送流、视频广播和系统管理。在推送流中，可以使用阿里云 ECS 构建实时视频分段集群，用于分割由客户端推送、随后存储在 OSS 中的视频流。在视频广播中，通过身份验证的用户请求实时流媒体，然后实时视频段将转换为 HLS 等格式，并推送到内容分发网络，以提供请求的内容。系统管理模块负责用户信息管理、设备管理、用户验证，以及与系统管理相关的其他服务。

阿里云对象存储 OSS 与网络、ECS 及视频直播等产品结合，构建的直播转存方案，如图 5-7 所示，是直播方案的重要组成部分。对象存储 OSS 可对直播内容进行录制和截图保存，满足监管需求，并提供归档、标准和低频的多种存储类型，并支持自动生命周期管理策略，协助用户使用更高性价比的方案保存录制数据。

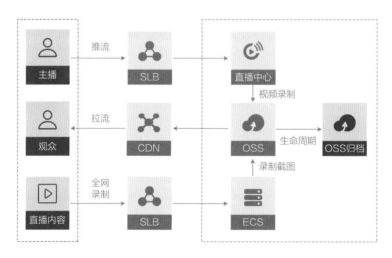

图 5-7　直播转存方案架构

- 直播业务的波峰波谷效应明显，这给整个系统的弹性、稳定性和可用性带来了巨大的挑战。阿里云网络提供大规格弹性公网方案，可以提供强大的网络扩展能力和弹性的带宽，保障用户业务的运行。
- CDN 向用户终端提供视频文件的高速分发功能，以实现实时流式处理。
- 基于领先的内容接入与分发网络和大规模分布式实时转码技术打造的音视频直播平台，提供媒体资源存储、切片转码、访问鉴权、内容分发加速一体化解决方案。

3. 云相册方案

对于大多数人来说，手机内的照片与视频数据是珍贵的记忆，因此对于手机厂商而言，需要帮助消费者更好地管理相册的照片与视频，确保数据不丢不错，保证云端数据存储具备极高的可靠性。同时，为终端手机用户提供长期数据存储，以及快速的上传下载服务，并且以稳定的低延时，为终端用户提供最佳访问体验。云相册方案架构如图 5-8 所示。

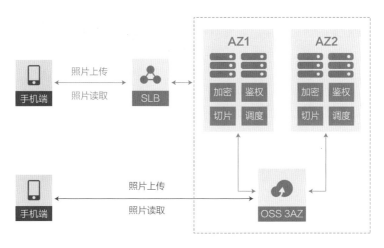

图 5-8 云相册方案架构

对象存储 OSS 具备"同城地域冗余"能力，能够为用户提供可靠的长期数据存储服务，结合高性能 SLB、ECS 为客户提供数据上传下载、数据处理加密等一体化的解决方案。此外，对象存储 OSS 的同城地域冗余解决方案，具备"12 个 9"的数据可靠性，提供 99.995% 的可用性服务等级协议 SLA，可以保证云相册数据能被终端用户上传和下载。

5.4 高性能计算数据存储

为实现更炫酷的渲染效果，一部 90 分钟的电影需要处理的图片数量在百万张以上；为了提升多终端用户的活跃度，一次直播过程中需要实时地对用户语义、画面合规性进行分析。为拟合出最优的模型，自动驾驶过程中需要通过大量传感器、摄像头和雷达等设备采集大批量的数据，并对采集的数据做清洗、打标、训练和推理……

业务系统越来越需要应对大量数据的高性能决策分析。因此，高性能计算（High

Performance Computing，HPC）也从过去的科研领域，逐渐向新兴的大数据、人工智能及深度学习等场景进行融合和演进，如图 5-9 所示。而 Cloud HPC（云超算 / 高性能计算云）更是在科研领域中正式进入应用阶段，公共云上的单个计算核心性能可以与传统的超算系统相媲美。

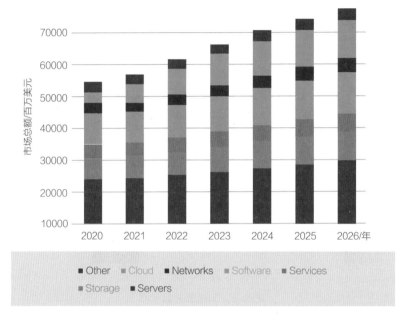

（出自 *Intersect360 Research* 于 2022 年 5 月发布的 *Worldwide HPC and AI Training Market*）

图 5-9　高性能计算市场发展动态

1. 数据管理和存储的问题

高性能计算是指将计算能力进行统一管理，进而对数据密集型计算任务进行处理的计算方式。根据 *Intersect360 Research* 的相关报告数据显示，到 2026 年，高性能计算的市场总额预计将增长到 592 亿美元，复合年均增长率（CAGR）为 7.7%。其中，服务器是最大的组成部分，存储和软件次之，其中存储、软件、中间件占所有预算的 49%。

同时，根据全球消费市场的地区分布统计（如图 5-10 所示）可以看出：北美市场占了将近一半的高性能计算消费支出，而亚太地区增长势头强劲，其中，中国市场规模在 100 亿美元以上。越来越多的组织和企业依赖高性能计算平台来替代传统的 IT 分析系统，借助强大的算力为业务决策和产品竞争提供更多的机会。与此同时，一些数据管理和存储问题也逐渐凸显。

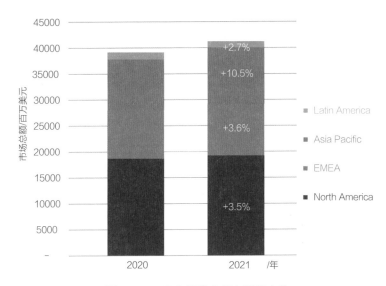

图 5-10　HPC 消费市场各区域占比

（1）数据质量度低

在高性能计算运行的过程中需要大量的数据。在一些人工智能的训练场景中会使用深层神经网络来关注关键的信息，并需要从复杂的关系中完成正确的匹配。当数据质量度低的时候，就会增加匹配的难度。

（2）技术瓶颈

为了获得更好的数据读写性能，通常会使用固态硬盘或全闪存盘。然而当并发计算节点数量较高时，存储系统会暴露出 I/O 和吞吐性能不足的技术瓶颈。此外，在技术栈升级方面也存在较大难度，支持的协议较单一，无法与云端资源对接，一旦业务系统使用了更丰富的协议接口，便要求业务侧做改造升级，同时也无法充分利用云端资源。

（3）运维复杂

管理多套不同品牌、不同技术栈的文件存储，却没有统一的性能监控界面，也无法横向扩展，以上痛点会给运维人员的日常维护管理带来不便。同时，数据需要在多套网络直连存储服务之间互相拷贝，管理开销大。此外，由于存储性能和计算集群节点数量的限制，需要建设多套文件存储，所以长期建设成本高。

2. 解决方案

（1）公共云方案

租用 HPC 资源来运行应用程序或工作负载，以及存储 HPC 数据，已经成为一种被越来越多行业所接受的方式。阿里云为 HPC 提供最具弹性和可扩展性的云基础设施。

CPFS（Cloud Parallel File Storage）是阿里云完全托管、可扩展的并行文件存储系统，针对高性能计算场景的性能要求进行了深度优化，提供对数据毫秒级的访问和高聚合 I/O、高 IOPS 的数据读写请求，可以用于人工智能深度学习训练、自动驾驶、基因计算、电子设计仿真、石油勘探、气象分析、机器学习、大数据分析及影视作品渲染等业务场景中。

- 更经济：在阿里云上构建 HPC 工作负载，无须一次性成本投入或冗长的采购周期，即可享受更经济的基础设施资源。

- 更灵活：阿里云高性能计算存储服务与高性能弹性计算、批量计算、容器等计算平台整合，支持集群直接挂载 CPFS。通过使用广泛的基于云的服务组合（如数据分析、人工智能、机器学习等），重新定义传统意义上的 HPC 工作流，实现业务的创新。

- 高性能：统一名字空间，支持成千上百机器并发访问，针对数据处理进行了优化。即使是大量的小文件，访问性能也可以提高 10 倍以上。

（2）混合云解决方案

借助阿里云的云端优势与混合云 CPFS 可快速构建混合云解决方案，如图 5-11 所示。混合云 CPFS 是阿里云针对高性能计算场景输出的软硬件一体机产品，单集群最大可扩展至 732 个存储节点，为高性能计算场景的企业级客户提供前所未有的高性能、高可扩展性、低延时的非结构化分布式存储服务。

- 提供云上和线下整体解决方案：覆盖了纯线下场景、混合云场景和公共云场景，既提供线下固定资产输出的方案，满足特定行业对业务高性能存储和数据存储管理的双重要求，也提供了数据快速上云的方案，协助客户使用云端的高性能存储产品，快速搭建云上的计算集群。

- 与业务系统快速无缝对接：CPFS 提供 SMB 协议和 NFS 协议接口，可基本满足绝大多数业务系统的无缝对接，无须改造业务系统即可使用。同时，线下输出的 CPFS 一体机除支持 SMB 协议和 NFS 协议外，无须额外的硬件设备即可使用 S3、HDFS、POSIX 和 Swift 协议读写存储，为客户业务系统的长远扩展提供了更大灵活性。

- 支持丰富的数据流转功能和企业特性：解决方案支持线下数据机房内两套或多套 CPFS 之间数据同步、线下 CPFS 与云端 OSS 和 CPFS 的流转、云端 CPFS 和 OSS/NAS 的流转，可以灵活配合计算平台的迁移部署。同时存储系统也支持对文件系统权限管理、数据冷热分层、WORM 数据合规管理和文件快照等企业级存储需求，满足企业运维管理要求。

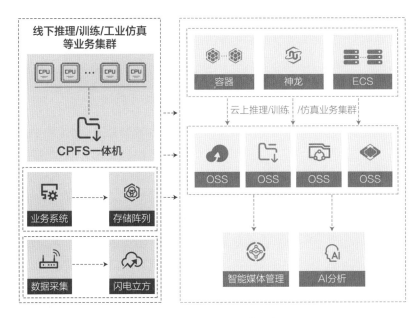

图 5-11　混合云解决方案

- 安全稳定的分布式架构，扩展性强：无论是公共云 CPFS，还是混合云 CPFS 都提供数据冗余保护机制。尤其是在元数据管理上，CPFS 提供了真正的全分布式架构，满足了海量数据存储场景下元数据安全存储管理的需求。CPFS 将元数据信息打散在多个存储节点下，一旦有数据读写请求，将以并行方式去存储系统读写数据，缩短了数据读写延时，同时也提供了更弹性的扩容能力，无须中断业务即可快速扩展容量、提升读写性能。

- 高效运维，降低业务复杂度：CPFS 提供图形化界面对文件系统及底层存储进行管理和监控，包括支持文件系统的信息展示，例如概要信息和详细信息等，可直观地反映出文件系统的健康状态和资源使用情况；支持查看存储硬件整体资源使用情况，包括 CPU、内存、硬盘、网络等；支持统计名字空间数量及信息等。

5.5　混合云灾备

伴随着政府部门及各企业信息化程度的提高，对于业务运行的连续性和信息风险控制的加强和深化，灾难备份（简称灾备）市场快速增长的格局仍将延续。与传统灾备服务相比，云灾备具有投入成本低、运维敏捷、资源服务化、多系统应用等优势，将成为灾备行业的未来发展趋势。

当前，我国企业对数据安全的普遍状况是重攻防、轻预防，对物理层面的数据基础设施保障重视度不够，一些缺乏自主全栈能力的应用层软件商对底层数据设施的攒机式集成大行其道，导致自身面临巨大的数据泄露和网络安全漏洞风险。总体来看，呈现"两低一高"的现象：一是数据灾备投入偏低。据人民网公开数据显示，2020 年，我国信息基础设施投资中灾备占比仅为 2%，而美国和欧洲分别是 6% 和 5%；二是灾备覆盖率低。我国大中型企业综合灾备覆盖率仅为 34%，美国达到 87%，是我国的2.6 倍，欧洲为 83%，是我国的 2.4 倍；三是业务停机损失高于欧美。抽样调查表明，2021 年，我国大中型企业因为停机造成的损失平均达到 78 万美元，美国为 42 万美元。

值得一提的是，《信息安全技术 数据备份与恢复产品技术要求与测试评价方法》（GB/T 29765—2021）国家标准已获批发布，并将于 2022 年 5 月 1 日起实施。随着数据灾备规范体系的完善，以及异构环境带来数据保护问题，企业将更加重视数据的备份和恢复。

在混合云灾备解决方案（如图 5-12 所示）中本地数据中心与阿里云通过专线或VPN 联通，构成混合云架构。在本地待备份的物理机或虚拟机中安装混合云备份服务客户端，在客户端中创建云上备份库的地域，通过专线或 VPN 将本地数据中心的待备份数据备份至阿里云备份库上。如此，满足企业希望通过混合云的架构形态，将云上作为本地数据的异地备份点，同时，对整体的应用而非单独的数据库或存储做备份，对应用灾备的 RTO/RPO 小时级的需求。

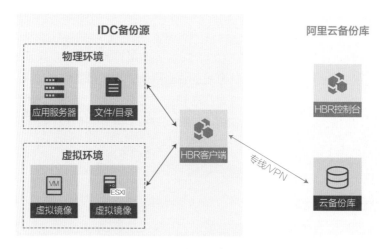

图 5-12　混合云灾备解决方案

如果本地数据中心故障，可从云备份库中将已备份的数据按需恢复至本地。

5.6 智能运维 AIOps

随着人工智能的快速兴起，AIOps（Algorithmic Information Fechology Operations，智能运维）的概念从原本的基于数据分析扩充为基于人工智能分析。业务决策者期望AIOps通过大数据、机器学习及更多高级分析技术，提供具备主动性、人性化及动态可视化的能力，直接或间接地提升目前传统IT运维（监控、服务和自动化）的能力。

AIOps可以看作IT运维管理、IT运维分析的延续，其落地实践需要建立在针对运维的知识图谱和机器学习算法的基础之上。由于不同运维场景间的差距较大，AIOps目前主要处于在运维数据集中化的基础上，通过机器学习算法实现数据分析和挖掘的阶段。主要应用场景包括异常告警、告警收敛、故障分析、趋势预测和故障画像等。未来落地实践扩展和实际应用优化仍在持续探索中。

AIOps建立在高度完善的运维自动化基础之上，以机器学习算法不断从如日志、监控信息、应用信息等运维大数据中提炼和总结规则，进而做出智能化的分析决策，达到运维系统的整体目标。其优势不仅体现在减少运维人员的参与、降低IT运维成本上，还能够变被动式响应为主动式防御，提供IT系统的预判能力和稳定性。

现在，AIOps尚处在较为早期的发展阶段，仅在少部分金融、电信及顶尖互联网公司领域中有所应用，其他领域企业用户仍在观望或尝试探索阶段。随着运维数据种类与数量的增长，大数据技术的深入及自动化运维的实践落地，以机器自判、自断和自决的技术不断成熟，运维人员势必会逐渐减少，IT运维将完全进入系统自调度的AIOps时代。AIOps有望成为运维管理市场新的增长点。

智能运维需要解决的典型问题有：海量数据存储、分析、处理、多维度、多数据源，信息过载，复杂业务模型下的故障定位。阿里云日志服务（SLS）作为云原生观测分析平台可以很好地解决上述问题，为日志、度量、追踪等数据提供大规模、低成本、实时的平台化服务。

1. 可观测数据统一采集分析

随着云计算和大数据等技术的发展和应用，企业的IT基础架构逐渐从原来的"单一IOE"架构向x86、云化、开源分布式架构转变。这一阶段伴随着基础架构的革新，如图5-13所示的AIOps智能运维开始出现，也意味着IT运维管理演进到观测、行动、干预相结合的阶段，开始从稳态向敏捷态倾斜，更加强调按需应变。

业务在线化和技术架构变化带来了业务敏捷性的同时，也带来了对IT运维的挑战。

- 对稳定性要求越来越高，要更快响应；
- 微服务和分布式架构，意味着分析问题时，需要更多维、多系统的数据统一与打通；

● 海量信息和复杂业务规则：需要更高效的方法发现有效信息。

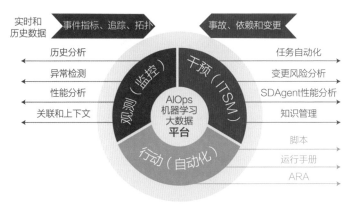

图5-13　AIOps平台支持跨IT运营的持续洞察监控（ITOM）

当越来越多的业务云化、数字化，任何一个稳定性、可靠性等方面的异常都将给业务带来巨大的损失。网络中断、应用卡顿、响应速度慢、服务器宕机等各种突发故障都可能让业务失败，而查找系统运行的日志又特别费时费力，挖故障如同大海捞针。

传统监控一般以白盒方式监控系统，专注发现核心指标异常，例如，500错误、用户订单成功率等，如图5-14所示。一旦问题发生，后果就很（如大量500错误、大量订单失败，一定表示SLA有问题）。

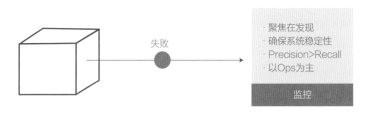

图5-14　传统监控

只有及时有效检测并高效排除隐患，才能避免严重事故。根据"海恩法则"（Heinrich's Law）显示，每一起严重飞行事故背后，必然有29次轻微事故和300起未遂先兆，以及1000起事故隐患。如果提前处理那些不那么严重的问题、先兆或者隐患，其实是可以避免后续的严重事故的，也就避免了其带来的巨大压力和损失。

可观测性是对传统监控的升级，其要求进行白盒化监控，对各种可能的隐患、先兆、不严重问题进行监测、跟踪处理，且不再只是在发布后，而是在开发、测试阶段就进行，如图5-15所示。

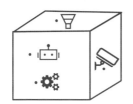

图 5–15　可观测性

从运维人员的角度来说，及时有效发现问题、快速定位问题至关重要。问题排查需要涉及预警、报错、调用、定位等多个步骤及多种数据源，在手动排查过程中，可能会遇到多系统打通难、自动化程度低、数据关联性差、排查链路长等问题。

使用日志服务（SLS）后，进行问题有效排查就不必如此大费周章。2021 年 3 月，SLS 发布了分布式链路追踪（Traces）方案，已经正式具备了数据的统一存储、分析、可视化能力。作为云上的服务，SLS 的 Traces 方案依旧是按量计费的模式，不必自己去部署、运维 Trace 系统本身，并且支持弹性扩容、高可靠性等高级能力。

在开源界，Open Telemetry 作为 CNCF 旗下的一个可观测性项目，旨在管理观测类数据，如 Trace、Metrics、Logs 等，已经成为追踪领域的唯一国际化标准。SLS Trace 框架是直接基于 Open Telemetry 数据格式来开发的，所有的存储格式定义完全兼容 Open Telemetry 标准，如图 5-16 所示。后续除了在每个细分数据场景做深，还会提供更加完善的数据关联方案，以及 AIOps 的异常检测和根因分析能力。

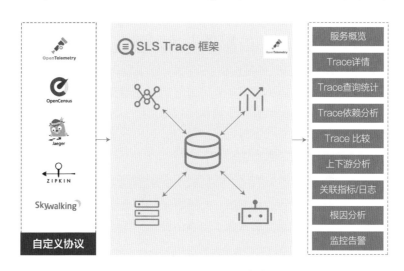

图 5–16　SLS Trace 框架

2. 智能告警管理

构建一个智能的运维监控平台，必须以运行监控和故障报警这两个方面为重点，将所有业务系统中涉及的网络资源、硬件资源、软件资源、数据库资源等纳入统一的运维监控平台中，并消除管理软件、数据采集手段的差别。在运维自动化和智能化的大趋势中，系统的可观测性是其中最基础的一环。

对于告警监控运维系统，可观测性是有很高要求的，但现状却不容乐观，常规监控运维系统存在如图 5-17 所示的 6 大痛点。

图 5-17　常规监控运维系统痛点

使用 SLS 新版告警模块（如图 5-18 所示），可以有效缓解这些告警运维系统的痛点。新版告警由告警监控、告警管理、通知（行动）管理及即将发布的开放告警 4 个模块组成，提供对日志、时序等各类数据的告警监控，亦可接收三方告警，对告警进行降噪、事件管理、通知管理等操作，新增 40+ 功能场景，充分考虑研发、运维、安全及运营人员的告警监控运维需求。

- 告警监控：海量多源数据的统一监控。通过告警监控规则配置，定期检查评估，查询统计源日志、时序存储状况，按照监控编排逻辑评估结果，并触发告警或恢复通知，最终发送给告警策略。告警监控流程如图 5-19 所示。

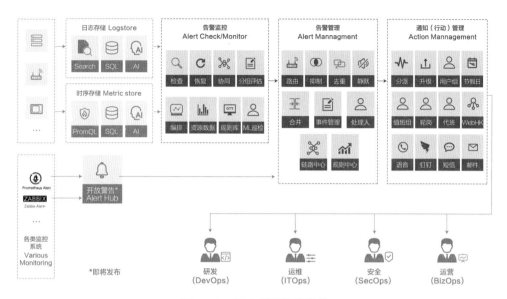

图 5-18 SLS 新版告警模块

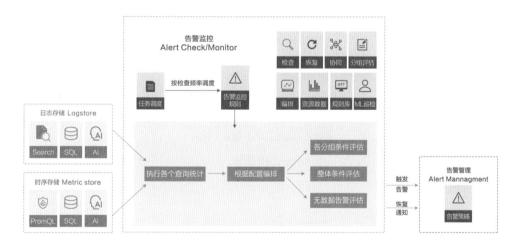

图 5-19 告警监控流程

告警监控提供的功能可以分为如图 5-20 所示的 3 类。

图 5-20　SLS 告警监控功能

- 告警管理：通过智能降噪策略有效控制告警风暴。每一个告警监控规则会将触发的告警（含恢复通知）发送给一个预先配置的告警策略，通过告警策略配置，对所有接收到的告警进行路由分派、抑制、去重、静默、合并操作，再分派给特定行动策略。

通过告警中心控制台可以管理告警的状态（包括设置处理人），以及查看告警链路与规则态势，具体流程如图 5-21 所示。

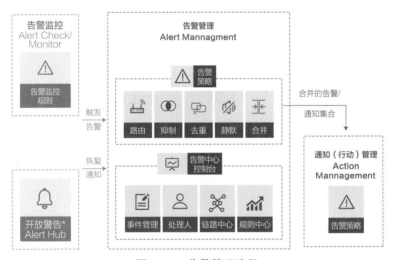

图 5-21　告警管理流程

告警管理提供的功能也可以分为 3 类，如图 5-22 所示。

- 通知（行动）管理：具备灵活的分派及通知渠道，以适应各场景通知需求。

每一个告警策略根据配置分派合并后，并将其集合发送给特定的行动策略。由行动策略根据配置动态地分派给特定通知渠道，通知到特定的人、组、值班组，也支持告警未及时处理下的通知升级，具体流程如图 5-23 所示。

图 5-22 SLS 告警管理功能

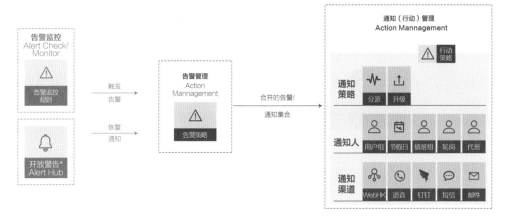

图 5-23 通知（行动）管理流程

5.7 容器数据存储

容器和云原生正在被越来越多的企业所接纳，Kubernetes、容器服务逐渐成为云原生时代的基础设施。Kubernetes 凭借对网络、存储、计算进行编排和调度等的基础操作功能，已经被公认为云原生的操作系统，为用户展现了一个新的界面，极大地简化了用户的运维，提升了资源的弹性，真正地做到了按需使用，降低用户的成本，推进云原生快速被企业和开发者接受。云存储从数据面提升存储稳定和减小安全隐患，继续夯实性能、容量、弹性、密度等基础能力，共建云原生环境下的存储生态。

阿里云提供了丰富的云原生服务，与对网络、计算的编排不同的是，存储需要考虑如何无缝地接入 Kubernetes。Kubernetes 推出了 CSI，通过统一的标准将存储和 Kubernetes 进行了无缝的对接。CSI 将存储分为内置存储（镜像和临时存储）和外置存储（文件系统 / 共享文件系统、大数据文件系统、数据库文件系统等），以神龙 Moc 卡＋Virtio 的通路和底层存储服务将存储接入容器。相关的解决方案如下所示。

1. 数据库容器化

数据库部署模式从虚拟机向容器化发展，要持续提升弹性和可移植性、简化部署。因为容器部署密度随着 CPU 核数线性增长，所以需要持久化存储提升挂载密度。数据库作为 I/O 密集型业务，对单机存储性能提出更高要求。数据库容器化解决方案（如图 5-24 所示）是让数据库使用 g6se 存储增强型实例，单实例提供最高 64 块云盘挂载密度，g6se 存储增强型实例提供最高 100 万次的 IOPS、4Gbps 存储吞吐，适配单机高密部署的性能需求。

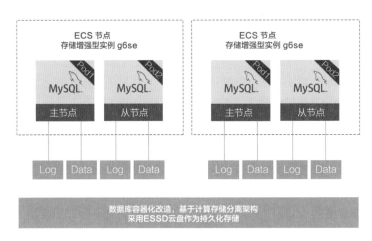

图 5-24　数据库容器化解决方案

2. Prometheus 监控服务使用文件存储

Prometheus 监控服务解决方案如图 5-25 所示。用 Prometheus Server 抓取和存储数据，用 Client Libraries 连接服务器并进行查询等操作，Push Gateway 是用于批量、短期的监控数据的归总节点，主要用于业务数据汇报等。不同 Exporter 用于不同场景下的数据收集，例如收集 MongoDB 信息用 MongoDB Exporter。Prometheus 的核心存储 TSDB，是类似 LSM 树的存储引擎。

同时，为实现存储引擎多节点数据同步，需要引入 Paxos 一致性协议。中小型企业管理一致性协议的时候难度非常大，架构将计算和存储分离，计算是无状态的，TSDB 的存储引擎释放给分布式文件系统，天然需要网络直连存储共享文件系统。

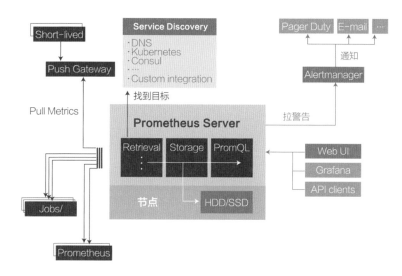

图 5-25　Prometheus 监控服务解决方案

Prometheus 监控服务使用文件存储的优势如下所示。

- 共享高可用：多 Pod 共享网络直连存储持久化存储，计算节点 Failover 可实现容器应用的高可用。

- 零改造：分布式 POSIX 文件系统接口，无须任何改造。

- 高性能：支持并发访问，性能满足瞬间拉起索引查询，同步进行数据加载，以及低延时索引查询和写入。

- 高弹性：存储空间不需预配置，按需使用、按量计费，适配容器弹性能力。

3. 容器网络文件系统

针对容器中使用文件存储的优势和挑战，阿里云推出了容器网络文件系统（Container Net File System，CNFS），内置在阿里云托管的 Kubernetes 服务 ACK 中。CNFS 通过将阿里云的文件存储抽象为一个 Kubernetes 对象（CRD）进行独立管理，包括创建、删除、描述、挂载、监控及扩容等运维操作，既能使用户享受容器使用文件存储带来的便捷，又能提高文件存储的性能和数据安全，并提供容器一致的声明式管理。

CNFS 在可访问性、弹性扩容、性能优化、可观测性、数据保护、声明式 6 个方面针对容器存储进行了深度优化，使其与开源方案相比具有以下明显优势：

- 在存储类型方面，CNFS 支持阿里云网络直连存储文件系统；

- 支持 Kubernetes 兼容的声明式生命周期管理，可以一站式管理容器和存储；

- 支持 Page View（简称 PV）的在线扩容、自动扩容，针对容器弹性伸缩特性优化；

- 支持和 Kubernetes 更好结合的数据保护，包括 PV 快照、回收站、删除保护、数据加密、数据灾备等；

- 支持应用级别的应用一致性快照，自动分析应用配置和存储依赖，一键备份、一键还原；

- 支持 PV 级别监控；

- 支持更好的访问控制，提高共享文件系统的权限安全，包括目录级 Quota、ACL；

- 提供性能更加优化、针对文件存储的小文件读写；

- 成本优化，提供低频介质及转换策略，降低存储成本。

5.8 即时消息系统支撑实践

即时消息（Instant Message，IM）系统往往会使用多个数据湖和存储系统，其中会话和消息的存储使用 DB（InnoDB、X-Engine），同步协议（负责消息同步推送）使用 Tablestore。在抗击疫情期间，钉钉的消息量增长非常迅速，让钉钉团队意识到，使用传统的关系数据库引擎来存储流水型的消息数据局限性较大，不管在写入性能、可扩展性，还是在存储成本上，基于 LSM 树的分布式 NoSQL 都是更佳的选择。

图 5-26 是 IM 系统原来的架构图。在这套系统中，一条消息发送后，会有两次存储，包括：

- 全量消息存储：如图 5-26 中的第 4 步，将消息持久化存储到数据库（DataBase）中。该消息主要用于系统展现 App 的首屏信息，同时全量消息也会永久保留。

- 同步协议存储：如图 5-26 中的第 5 步，将消息存储到表格存储（Tablestore）中，然后读取合并推送到用户。同步协议存储的数据只会保留若干天。

而在架构升级后，全量消息存储去掉了对数据库的依赖，把数据全部写入 Tablestore 中，其架构图如图 5-27 所示。改造之后 IM 系统存储只依赖 Tablestore，并且带来如下收益。

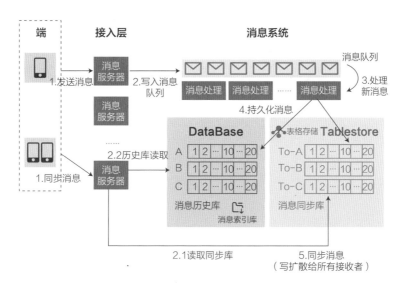

图 5-26　IM 系统原架构图

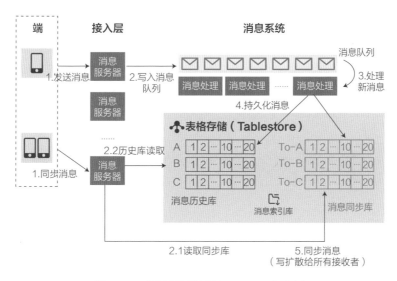

图 5-27　IM 系统基于 Tablestore 架构图

①成本低：Tablestore 基于 LSM 树存储引擎的架构在成本上比分库分表的架构更有优势，数据存储打开 EC 功能、冷热分层存储、云服务的按量收费，都能使成本更低。按照目前计费情况，存储迁移到表格存储后，钉钉存储成本节约 60% 以上。

②系统弹性能力强，扩展性好：可以按需扩容任意数量机器，扩容速度快且对业

务无影响，在机器准备完成（包括克隆系统）的情况下，支持分钟级扩容。在支撑完集群流量高峰之后，也可以快速缩容、节约资源。

③零运维：Tablestore 是全托管的云服务产品，不需要用户承担任何运维工作，并且 Tablestore 也能做到运维期间业务无感知。另外，Tablestore 是与模式无关（Schema Free）的架构，用户不必为业务需求变化带来的表结构调整而烦恼。

在上述场景中，经过一系列优化，在相同 SLA 及同等硬件资源情况下，读写吞吐提升 3 倍以上，读写延时下降 85%。读写性能的提升，节省了更多机器资源，降低了业务成本。

第 6 章

云存储的未来展望

　　出于对技术、行业乃至对整个数字化时代的坚定信心，以及对技术脉络发展的理解和见证，我们在本章对存储技术创新进行展望，以更好地应对来自行业的挑战与机遇。如果说有哪些能力是下一代云存储必须要具备的话，那么将包括继续保障稳定、安全、可靠和低成本，进一步演进 Serverless 能力，智能适配负载变化，提供智能数据管理能力，以及全场景覆盖不断发展的新负载。

6.1　技术创新

业务需求的不断变化使得存储系统设计面临更大的挑战，主要体现在如下 6 个方面：

①池化的存储平台需要提供更好质量的 I/O 服务，实现端至端的服务质量控制，保证业务的 SLA 服务质量；

②解决网络 Incast 等高性能网络问题，做到存储与计算的完美分离，以便获得极致弹性的计算体验；

③标准 NVMe SSD 还存在 I/O 性能稳定性不高等问题，需要通过软硬件架构演进，进一步提升 I/O 稳定性，提升整体效率；

④为了实现更加快速的网络访问，需要解决网络带宽利用率问题，实现更低延时 I/O；

⑤进一步通过技术优化成本，提升硬件利用率和潜能，创造更多技术红利；

⑥扩大半导体存储器的使用场景，解决传统大容量磁盘进展乏力的问题，从而获得性能和容量上的优势，推进数据中心演进至半导体存储数据中心，使云存储更加经济高效与绿色节能。

上述问题，都需要在存储系统设计过程中通过存储技术的创新予以解决。同时，也正是这些问题推进了存储技术的演进和发展。

6.1.1　NAND Flash 技术的发展

目前基于 TLC 3D NAND Flash 技术的 NVMe SSD 已经得到了规模化的部署与使用，是数据中心 SSD 的主流技术。四种不同规格的 NAND Flash 存储介质对比如图 6-1 所示，为了提升容量、降低成本，除提升制程工艺外，NAND Flash 技术会往两个维度持续发展：一个是增加 3D 堆叠层数，下一代规模化应用的 NAND Flash 会向 200 层以上演进；另一个是增加每一个单元的比特数量，提升存储密度。

层数的增加需要依赖于工艺及材料的技术突破，NAND 技术可以很快突破 200 层；而比特数的增加，对 NAND Flash 的使用寿命、误码率和读写性能都将产生很大的影响。预计 4 Bitl/Cell 的技术可以在最近一段时间得到规模化应用，而更多比特数的单元虽然会在未来持续演进，但受限于性能、使用寿命等因素，依然面临着很大的技术挑战。

3D QLC 技术未来会往两个方向发展：一是容量型方向，二是性能型方向。借助 QLC 在容量方面的优势，基于 QLC 的固态硬盘容量很容易超越磁盘的存储容量。

PLC 介质也在逐步发展，可以预期，以 NAND Flash 为代表的半导体存储介质，在不远的将来会取代传统磁盘介质在容量型存储领域的应用，作为对象存储的首选介质。

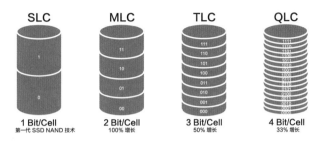

图 6-1　四种不同规格的 NAND Flash 存储介质对比

QLC 介质除向容量型方向发展外，同样会向性能型方向演进，性能逼近 TLC，逐步取代 3D-TLC 介质，从而进一步降低高性能存储的成本。在向性能型方向发展的过程中，单个单元比特数的增加会导致性能的降低及 I/O 延时的增加，尤其是读 I/O 的延时，这也是该技术方向演进的最大挑战。为了解决这个问题，需要通过蓬勃发展的 SCM 介质对 NAND Flash 介质进行性能补偿，并且优化 SSD 内部的设计。SCM 和 NAND Flash 的配合使用，应能应对未来 NAND Flash 介质面临的性能挑战。

和磁盘介质相比，基于 NAND Flash 介质的 NVMe SSD 性能已得到了突飞猛进的提升，但是在实际应用过程中，随着固态硬盘容量的增加，单盘的随机写性能基本不变，单 GB 性能在持续下降。在不远的将来，NVMe SSD 依旧会成为存储系统的性能瓶颈。

由于 NVMe SSD 存在内部垃圾回收，因此在稳态情况下，4KB 随机写操作的 IOPS 通常在 100k 次左右（400Mbps 吞吐带宽），这和固态硬盘的最大性能相比，存在着很大的性能差距，具体如图 6-2 所示。如何降低固态硬盘的内部流量，让用户充分享受 NAND Flash 的物理性能，这是端到端系统设计需要重点考虑的问题。

除了随机写性能，NVMe SSD 还存在 I/O 服务质量问题，尤其在"读写混合"的场景下，服务质量很难得到保证。对该问题的影响主要来自于固态硬盘内部的"垃圾回收"机制及 NAND Flash 本身的擦除（Erase）和编程（Program）等操作。随着技术的演进，NAND Flash 操作对服务质量造成的影响，可以通过 NAND 的 Suspend 命令进行缓解，并且还可以通过固态硬盘内部的 I/O Scheduler 机制来优化读访问延时。

为了解决此类问题，分区名字空间技术应运而生，其读 / 写访问模型如图 6-3 所示。纵观面向数据中心分布式存储软件栈的设计，为了简化分布式一致性协议，面向数据中心的分布式存储基本都基于追加写入的方式。采用这种存储系统架构之后，在整个I/O栈中就会存在多个垃圾回收或者压缩角色：分布式存储层存在垃圾回收角色，固态硬盘内部存在垃圾回收角色，甚至本地文件系统还会存在垃圾回收角色。多层"垃圾回收"角色相互独立，显然会导致写入放大，从而影响整个系统的效率。要想简化设计，就要上下打通，各层软件栈之间需要相互融合，从而减少I/O的数量，降低写入放大，提升存储效率。

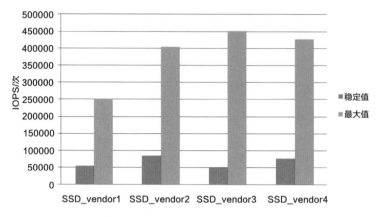

图 6-2　SSD 在稳态与非稳态情况下的随机写 IOPS 性能对比

图 6-3　ZNS SSD 读写访问模型

要解决 NVMe SSD 的问题，一种典型的方法是，打开固态硬盘的"黑盒"，将固态硬盘内部的逻辑暴露给分布式存储，去除固态硬盘内部的垃圾回收机制，将其融入分布式存储中去。基于该想法的固态硬盘就是 Open-channel SSD。经过多年的发展，Open-channel SSD 持续演进，产生了一种更加标准化的方式，就是 ZNS。ZNS在 Open-channel SSD 的基础之上进行发展，没有将 NAND Flash 底层特性暴露给用户，而是封装了 Zone 的对象，屏蔽了不同硬件的差异性，提供给应用层进行使用。ZNS具有更好的封装性，更为重要的是，将数据布局和垃圾回收等任务转移到了存储软件层，打破了标准固态硬盘的黑盒特性。

从本质上来说，ZNS 技术重新定义了分布式存储软件和固态硬盘硬件之间的边界，存储软件层对 Zone 对象进行操作，每个 Zone 对象只能采用仅追加写入方式，一旦 Zone 被写满，就进入只读状态。Zone 内部的数据布局和生命周期都由存储软件层来控制。Zone 的特性和分布式存储系统可以很好地结合，十分适合数据中心应用场景。可以预期，ZNS 将会成为未来数据中心的标准固态硬盘，可进一步挖掘固态硬盘潜力，提升 I/O 服务质量。

6.1.2　新存储介质的出现

从甲骨、竹简到纸张，再到计算机时代的硬盘，文字（数据）的纪录媒质在一直不断演进。人类每天都会产生大量的数据，但却只有一部分被保存下来，这其中一个重要的原因就是存储成本的制约。在不同的应用场景中，往往需要根据不同需求选用不同的存储介质，因此也有了不同的约束条件和设计目标。一般来说，新硬件的引入会催生相应的软件系统的更新，以更好地利用硬件，甚至会倒逼软件进行相应的改进。

1. SCM 成为主流介质，服务于高性能存储

近几年，SCM（Storage Class Memory）介质得到了快速发展，Intel 和 Micron 成功规模化量产了 XPoint，其他类型的 MRAM、ReRAM 等技术也逐渐成熟。

2017 年，以 XPoint 为代表的非易失性内存介质实现了产品化。目前，Intel 公司和 Micron 公司都提供了基于该类介质的非易失性内存产品。XPoint 本质上是一种 3D PCRAM，通过加热的方式改变材料状态，使其处于晶态或非晶态，从而实现数据存储。基于 XPoint 的存储介质分成两大类：一类是基于内存总线的 AEP，另一类是基于 PCIe 外部总线的 Optane。未来随着 PCIe 4.0、PCIe 5.0 技术的应用，Optane 访问带宽也将得到大幅度的提升。和 AEP 相比，Optane 单设备因拥有更好的集成度，支持更多的并发通道而具有更好的并发吞吐带宽，被优先大规模应用在存储系统中。目前在阿里云盘古系统中，Optane 已经和磁盘相互结合，利用 Optane 使用寿命比 SSD 长的特点，在分层存储系统中得到了应用。另外，Optane 可以和 TLC/QLC SSD 介质相互结合，利用前者更好的读写对称性及低写延时特性，来弥补 NAND Flash 在读写延时性能方面的不足。

除 XPoint 外，还有多种非易失性内存介质也正在蓬勃发展。MRAM 作为非易失性磁性随机存储器已经得到了量产，Samsung 和 Everspin 等公司都提供了 MRAM 存储芯片。这项技术通过外部磁场来改变磁电阻的大小实现持久化数据存储。由于 MRAM 的容量比较小，此类介质更适合作为小容量数据的存储，例如固态硬盘内部的非易失性内存、系统层的 NVDIMM 可以通过 MRAM 来实现，替代现有的掉电数据保护机制，简化系统设计复杂度、提升稳定性。

ReRAM 是非常被看好的一种 SCM 介质，通过外部控制电压，使材料的电阻发

生变化来达到持久化数据存储的目的。ReRAM 集成密度很高，性能优于 NAND，会是 NAND Flash 未来强有力的竞争者。目前 ReRAM 在嵌入式系统应用中越来越受欢迎。未来 10 年里，ReRAM 技术一旦得到突破，便能在数据中心被大量使用，作为数据存储的第一级存储介质，提供高性能数据访问。除作为内存存储外，它还可以和 NAND Flash 介质配合使用，作为第一级存储介质。当 ReRAM 的单 GB 成本下降，可以与 NAND Flash 匹敌之时，此类 SCM 介质将可以替代 NAND Flash，成为高性能存储系统的主流介质。

在非易失性内存 SCM 介质逐步发展的过程中，基于 PCLe 技术的 CXL 技术也得到了快速发展。目前，基于 DIMM 总线的非易失性内存，会作为内存来访问；基于 PCIe 总线的 SSD，则作为外设来访问。采用 CXL 技术之后，可以在 PCIe 总线基础上扩展内存，内存和外设有望得到统一。对于存储系统而言，未来可以扩展更大容量的内存，并且减少数据移动，进一步降低 I/O 访问延时，所以该技术的发展将会改变存储系统的设计与实现方法。

总的来讲，在不远的将来，SCM 介质将会与 NAND Flash 配合使用，两者特性互补，从而提升存储系统的整体性能并优化成本。未来，SCM 介质有望发展成熟，当单 GB 成本降低到和 NAND Flash 相当时，将会在高性能存储领域逐步替代 NAND Flash 介质。

2. DNA 存储的出现与应用

近年来，科学家正尝试将数据存储在 DNA 中。DNA 具有"超小体积"和"易于复制"两大优势。据《自然 - 通讯》报道，理论上每立方毫米 DNA 能存储 1 EB 数据。如果环境条件适当的话，DNA 还可以长期存储。要知道，数千年前的化石遗迹被发现时，其细胞中的 DNA 仍然完好无损。

另外，这项技术的进展极为喜人。微软和华盛顿大学的研究人员于 2019 年开发了世界上第一个全自动 DNA 存储设备。利用该设备，研究人员将"Hello"一词编码到 DNA 上，并能够将其转换为计算机可读的数据。和大多数存储方式一样，数据如何写入和读取是 DNA 存储的关键。目前这两方面也取得了不错的进展：十几年前，对一个人类基因组进行测序的成本是 1 亿美元，而现在只需 1000 美元。2021 年 6 月 10 日，麻省理工学院的 Mark Bathe 等人在 *Nature* 子刊 *Nature Materials* 发表了题为 *Random Access DNA Memory Using Boolean Search in an Archival File Storage System* 的研究论文。研究团队成功地将图像和文本编码到 DNA 上保存，然后将每个数据文件封装到一个 6μm 直径的二氧化硅颗粒中，并用可显示内容的短 DNA 序列进行标记。这项研究意味着照片、音频、文档和其他类型的文件都可被存储为 DNA 的形式，有望彻底改变人类存储数据的方式。

DNA 存储一旦成熟，在归档和备份的场景及网盘产品中，必将得到广泛的应用。相关专家表示："如今，我们所采集的信息量比以往任何时候都要多，但目前的存储技术在数据存储时间和防损时间方面受到严格的限制。DNA 存储技术将在 DNA 生物链中对数字数据进行编码，实现传统随机存储不可能实现的存储寿命。"

3. 多维光存储的应用展望

数据中心存在大量的冷数据，很多行业用户有存储大量冷数据的需求。目前云存储的冷数据主要存储在磁盘和磁带介质上。为了降低运营成本，基于磁盘的冷数据存储需要控制磁盘的供电，系统控制复杂不说，成本依然很难降低。磁带作为冷数据存储的主要介质，虽然有运维复杂、读数据慢等问题，但是具有很低的成本优势，在短期内不失为最佳选择。在未来的发展过程中，多维光存储作为低成本解决方案，有望在数据中心落地，可以实现数据的长期归档保存。

一些企业已经在进行二氧化硅项目研发，利用先进的超快激光器来存储数据。激光在一块硬质石英玻璃中形成三维纳米尺度光栅层，并在不同深度和角度产生变形，类似旧唱片的记录方式，但规模更紧凑、过程更复杂。微软采用机器学习算法，对通过玻璃的偏振光产生的图像和图案进行解码。

一块 2mm 厚的玻璃可以包含 100 多个数据层。每一层都由玻璃的物理变形组成，然后机器学习算法在它们之间跳转以对其进行解码。事实证明，石英玻璃具有出乎意料的弹性，能够承受 500℃以上的温度，可以煮沸或微波煮，甚至用钢丝擦洗。由于数据存储在玻璃内部而不是玻璃表面上，因此对读取数据的难易程度没有影响。

实际上，光存储技术已拥有很长的历史，但是受限于光盘的容量，在数据中心一直没有被规模化使用。近年来，光学衍射极限的突破及多维光存储技术的发展，让光存储技术具备了极大的容量提升空间。一张普通光盘的容量，在未来可以达到 100TB以上，并且实现数据的长期保存。在未来 5 年左右的时间里，预期 10TB 容量的单盘可以得到规模化量产，能作为数据中心冷数据存储的存储介质。多维光存储作为一种长期数据存储介质，在未来的归档存储技术演进过程中，会成为一个很好的选择，值得期待。

6.1.3　高性能网络的发展

高性能网络是云计算的关键核心技术。通过高性能网络实现计算、存储之间的高效互连。在物理网络从 25Gbps 向 100Gbps、200Gbps 演进的过程中，传统 TCP 协议栈成为系统的重要性能瓶颈点。很多公司都针对该问题进行了高性能的网络协议栈的研发，通过智能网卡等硬件的能力来卸载协议栈，为数据中心互连加速。

为了提升存储互连的性能，盘古分布式存储系统历经了用户态网络协议栈 LUNA、RoCE RDMA 的技术演进路线，最终向更高效率的高性能网络协议栈演进，支持更加复杂的物理网络环境和更大规模的存储集群。通过高性能网络协议可以进一步提升网络带宽的利用率，提升性能、降低成本。

1. Lossy RDMA 高性能网络成为主流

当前，25Gbps 网络已经在数据中心得到了规模化部署。在 25Gbps 网络应用的过程中，传统的 TCP 网络协议栈变得力不从心，无法有效地发挥网络带宽资源，也无法很好地降低 I/O 延时。在 TCP 协议栈技术方面，通过 DPDK 等技术将协议栈的实现从内核态搬移至用户态，减少上下文切换（Context Switch）的开销，降低由于内存拷贝所带来的延时，并且通过线程模型优化去除竞争锁的影响，从而使得用户态协议栈的处理效率优于内核协议栈。但在复杂的数据中心网络条件下，时常会发生丢包等情况。对于传统的 TCP 协议，无论采用什么样的实现方式，都无法很好地解决丢包所带来的 I/O 延时问题。并且对于丢包问题，传统的 TCP 协议栈将会引起数据传输带宽恶化，产生带宽利用率不高的问题。这些问题本质上是网络协议的问题，与具体的实现方式无关。因此，针对云存储的应用场景，为了提升带宽利用率，降低 I/O 延时，需要定义下一代的高性能存储网络协议栈。

针对传统 TCP 面临的问题，很多存储系统开始使用 RoCE RDMA 技术。RDMA 技术存在已久，在 Infini Band 上早已得到了应用，而云计算数据中心采用需要一种基于以太网的 RDMA 技术，因此，RoCE 应运而生。RoCE RDMA 是一种无损的网络，链路层提供了 PFC 流控机制，以实现网络不丢包。但也正因为该机制的存在，一旦网络出现拥塞，就会出现 PFC 风暴，并且扩散至整个网络，导致整个网络的 I/O 访问出现暂停。这个问题是 RoCE 的严重缺陷。目前 RoCE RDMA 只能受控部署，通过监控、动态切换、Disable PFC 等机制来防止出现 PFC 风暴导致的问题。

为了解决上述提到的 RoCE RDMA 问题，未来 RDMA 技术将向 Lossy RDMA 的方向演进。从技术角度来看，Lossy RDMA 本质上是性能和稳定性之间的一种均衡方式，在网络出现拥塞的情况下，允许丢包，从而回退到数据重传的方式，降低性能来保证稳定性。Lossy RDMA 技术是现有 RDMA 技术的一种有效补充，可以预期，Lossy RDMA 将在存储领域得到规模化应用。

2. 智能网卡加速数据通路卸载

智能网卡是 I/O 处理硬件卸载的良好载体。存储网络协议栈可以直接通过智能网卡进行卸载，如常用的 RoCE RDMA。除了基本的网络协议栈，存储网络中的应用层协议及 RPC 都可以卸载到智能网卡内部，不占用主机 CPU 资源。智能网卡内置了处理器，应用层的协议可以通过内置处理器进行处理，并且与网络底层硬件紧密配合，高效协作，提升整体网络栈的处理效能。

智能网卡还内置了纠删码等存储计算引擎，通过硬件资源的配合，在收发数据的过程中实现冗余纠错码的计算，降低数据编解码对 CPU 资源的开销。除了纠删码等能力，CRC 循环冗余纠错，以及数据加密、压缩等常规计算能力都可以通过智能网卡进行卸载。

智能网卡的核心技术是网络处理器。网络处理器技术有两个技术演进方向：一个是为了降低 x86 CPU 的负载，集成强大的网络及虚拟化能力，拥有一定的内置 CPU 能力，可以在前端计算节点和后端存储节点作为 I/O 卡；另一个是可以替代标准的 x86 处理器，直接将智能网络处理器作为存储 SoC（System on a Chip）来使用，后端存储节点可以直接使用存储 SoC。由于数据和控制通路进行了分离，I/O 处理降低了对 CPU 的要求，所以通过存储 SoC 实现高效分布式存储系统成为可能。而数据与控制通路分离之后，I/O 操作能力可以逐步卸载。未来可以卸载的能力包括：存储网络协议栈、Erasure Coding 计算能力、CRC 数据校验能力和数据加密 / 压缩等常规计算能力。

总的来讲，在未来的一段时间内，数据通路和控制通路会进行分离，数据通路的很多任务可以卸载到以智能网卡为代表的硬件中，通过硬件为 I/O 通路进行加速。

6.2　来自行业的挑战与机遇

6.2.1　云向边缘的推进

分布式已经从一种技术形态演变为一种架构形态。在过去，所有云功能都集中在数据中心，如今这种模式正在转型。云应用不仅可以帮助海上船只提高性能，帮助飞机穿越天空，还嵌入汽车行业，进入家庭生活。不必局限于设备密集的数据中心，郊区、野外，甚至空中、近地轨道，都需要获得强大的云存储及计算能力。随着边缘计算和去中心化变得越来越普遍，分布式云的新应用也将不断涌现。

近年来，随着 5G 与 IoT 联网装置技术的快速成长，加上边缘数据源的急剧增加，以及 Kubernetes 逐渐成为微服务应用程序与容器协调的标准，越来越多的企业开始采用分布式云，以实现业务模式转型。对于对延时、数据成本和数据驻留有要求的企业机构而言，分布式云提供了灵活的环境，同时还使企业的云计算资源能够更靠近发生数据和业务活动的物理位置。在保证一致性体验和安全性的前提下，能快速响应用户需求、按需定制，是分布式云受到青睐的原因。和传统孤岛式存储部署方式相比，分布式云存储天生具备更加有弹性的扩展能力和更加简化的管理方式，同时具有高可靠、高性能和丰富的增值特性，让数据全共享成为现实，并提升数据中心存储资源利用率。

人工智能技术的发展也让存储产品在打破数据孤岛、提升数据管理效率等方面有了更多可能。通过数据分析挖掘数据价值，面向趋势预测、异常发现、智能聚类和根因分析等场景，提升了 DevOps 分析和诊断的效率，帮助运维人员提前配置资源，提前预测、发现和解决突发故障；借助人工智能技术，存储产品在磁盘、服务与网络的故障检测中，可以更加准确地预测到故障的发生；在遇到网络抖动等异常状况时，可以做到及时规避，大大减少长尾延时现象；在业务调度中，利用人工智能技术，能够提前进行负载均衡，避免热点的不均衡等问题，满足边缘计算、分布式云等多场景下的存储需求。

6.2.2 从"新基建"到"东数西算"

广义的云，正在源源不断地将新的技术变成触手可及的服务，成为整个数字经济的基础设施。以 5G 基建、特高压、大数据中心、新能源汽车充电桩、城际高速铁路和城际轨道交通、人工智能、工业互联网为代表的新型基础设施（简称"新基建"），本质上是信息数字化的基础设施，而云计算则是基础设施数字化的重要支撑，是能支撑传统产业向网络化、数字化、智能化方向发展的信息基础设施。当下，中国云计算已经走到了一个全新的十字路口，基础设施全面云化的进程已然开启。一方面，新基建、"东数西算"等国家战略级定位的重点项目敲开了 B 端市场的大门，为云计算发展带来了大片市场蓝海。另一方面，技术融合成为数字经济重要发展趋势，云计算与数据中心、人工智能、工业互联网等的融合碰撞将摩擦出新的火花。

数据中心作为云计算服务的核心基础设施，是云计算规模化、集约化发展的关键，云和终端客户的互动要通过数据中心及其所提供的运营服务来实现。5G 时代流量将主要流向大型的云计算厂商，预计 77% 的数据将在数据中心内运算，资源逐步整合。随着"东数西算"工程全面启动，作为新基建代表，数据中心产业链条长、覆盖范围广、带动效应强，有望充分受益。按照全国一体化大数据中心体系布局，8 个国家算力枢纽节点将作为算力网络的骨干连接点，发展数据中心集群，开展数据中心与网络、云计算、大数据之间的协同建设，并作为国家"东数西算"工程的战略支点，推动算力资源有序向西转移。根据分工，东部算力枢纽节点适用于工业互联网、金融证券、灾害预警、远程医疗、视频通信、人工智能推理等对延时要求严苛的领域；西部算力枢纽节点适用于后台加工、离线分析、存储备份等对延时要求相对宽松的领域。

囊括东西部的八大算力枢纽节点、十大数据中心集群，构成了我国未来关键数字基础设施的概貌。汇聚多方数据、提高数据"存储－使用－管理"的全生命周期支撑能力、构建全方位的数据安全体系和健全的数据生态环境、以数据为中心实现数据价值最大化，是存储、计算、网络等基础设施所需要解决的重要问题。

"新基建""东数西算"为中国的产业升级清晰地指明了方向，数字化基础设施的广泛建设及随之产生的新型应用需求将带来数据爆发式的增长。在这一过程中，云存储也将在积极推动各行各业快速发展的过程中起到关键作用。

6.2.3　混合云存储的快速发展

基于数据的价值挖掘不仅给数字技术带来广阔的发展空间，同时，技术与产业的相互促进所产生的倍增效应、乘数效应也将极大推动经济发展速度的加快和规模的扩张，使经济进入良性发展阶段。为了更加有效地应对市场不确定性，全球企业决策者正在构建自适应企业（Adaptive Enterprise），而以混合云环境下的云原生技术为代表的混合云存储将成为构建自适应企业的重要基础。

混合云能解决云上、云下的数据一致性、灵活性、安全性等问题，逐渐被纳入企业长期IT战略中。据德勤的数据显示，全球85%的企业选择混合云作为"理想IT"形态。海外云计算厂商都在积极制定和推进混合云战略，例如IBM收购RedHat，AWS自2018年推出私有云产品Outposts后积极布局混合云市场，微软也推出了混合云平台Azure Stack。

在海外厂商一致看好混合云的同时，国内混合云市场也在政策支持下蓬勃发展。"十四五"规划提出，以混合云为重点培育行业解决方案、系统集成、运维管理等云服务产业。根据相关机构的预测，为了保证分布式数据的一致性，2024年，中国会有50%的组织采用多云数据治理工具，使用统一的数据获取、迁移，安全和保护策略。通过混合云IT架构无缝上云已成为企业应用的新常态，混合云存储将成为架起本地数据中心和公共云的桥梁，是传统企业客户上云的新路径。从新旧业务的融合到云计算研发的混合部署，都离不开混合云的支持。不同的系统，在不同的时间点所呈现的状态也同样不同。作为一种产品化的解决方案，混合云可以说是公共云、私有云、本地基础设施部署优势的一个结合。云所能提供的功能和业务越来越丰富，随着容器等云原生技术的发展，业务的跨云部署也将更加便捷，在权限管理、灵活性、性价比方面表现出更大的优势。

6.2.4　数据安全的挑战依然严峻

安全可靠是数据存储始终坚守的重要底线。对于企业来说，整体云现代化战略处于"成熟"阶段的企业，能够更有效地检测和响应事件。为了保障数据的安全性，云存储需要执行多层次、全链路、全方位的安全加密策略，实现业务安全、运营安全、数据安全、网络安全、应用安全、主机安全、账户安全，以及底层数据中心安全。

数据现已成为与国家安全和国际竞争力紧密关联的一大要素。各国对数据安全的认知已从传统的个人隐私保护上升到维护国家安全的高度。因此，我国加快了数据保护的立法速度。自 2017 年 6 月 1 日《中华人民共和国网络安全法》正式实施以来，多个与数据保护有关的法律法规相继出台，其中，《中华人民共和国个人信息保护法》《网络安全审查办法》对数据处理、个人隐私保护、抵御数据安全风险、国外上市等活动提供了审查的依据。相关政策法规整理如表 6-1 所示。

表 6-1　我国数据保护政策法规（部分）

政策法规	颁布（征求）时间	执行时间
《中华人民共和国数据安全法》	2021 年 6 月 10 日	2021 年 9 月 1 日
《关键信息基础设施安全保护条例》	2021 年 8 月 17 日	2021 年 9 月 1 日
《中华人民共和国个人信息保护法》	2021 年 8 月 20 日	2021 年 11 月 1 日
《网络安全审查办法》	2021 年 12 月 28 日	2022 年 2 月 15 日
《互联网信息服务算法推荐管理规定》	2021 年 12 月 31 日	2022 年 3 月 1 日

随着世界各国法律法规的相继推出，人们对数据安全保护的重视程度逐渐加深。在对数据进行采集、应用、存储的过程中，数据安全保护和隐私保护不再是可选项。

此外，黑客及病毒的攻击也给数据安全带来极大挑战。软件厂商及云服务提供商需要不断增强对勒索软件的检测，防止备份数据的再次感染；并不断优化现有架构，以保护云和边缘位置中的应用程序，以及主数据中心的安全。同时，反勒索软件技术需要从检测和预警已经发生的攻击发展为在入侵之前就可以识别恶意代码，保证备份数据不可被修改和删除。